FORSCHUNGSBERICHTE DES LANDES NORDRHEIN-WESTFALEN

Nr. 1622

Herausgegeben
im Auftrage des Ministerpräsidenten Dr. Franz Meyers
vom Landesamt für Forschung, Düsseldorf

DK 669.13:543.871:669.112.228.2

Prof. Dr.-Ing. Wilhelm Patterson
Prof. Dr.-Ing. Hermann Schenck
Priv.-Doz. Dr.-Ing. Franz Neumann

Gießerei-Institut der Rhein.-Westf.-Techn. Hochschule Aachen und
Institut für Eisenhüttenwesen der Rhein.-Westf. Techn. Hochschule Aachen

Einfluß der Eisenbegleiter auf Kohlenstofflöslichkeit, Kohlenstoffaktivität und Sättigungsgrad im Gußeisen

WESTDEUTSCHER VERLAG · KÖLN UND OPLADEN 1966

ISBN 978-3-663-06252-3 ISBN 978-3-663-07165-5 (eBook)
DOI 10.1007/978-3-663-07165-5

Verlags-Nr. 011622

Gesamtherstellung: Westdeutscher Verlag

Inhalt

1. Das verbesserte Zustandsschaubild Eisen-Kohlenstoff und die Wirkung der Zusatzelemente auf die Löslichkeit des Kohlenstoffs im flüssigen Eisen und die damit verbundene Aktivitätsbeeinflussung

Das System Eisen–Kohlenstoff ist seiner großen Bedeutung wegen Gegenstand zahlreicher Untersuchungen gewesen. In jüngster Zeit sind die neueren Untersuchungsergebnisse verschiedener Forscher zusammenfassend ausgewertet worden [1–4] und in Abb. 1 [1] wiedergegeben. Die maximale Kohlenstoffaufnahme des γ-Eisens entsprechend der $E'S'$-Linie zeigt eine merkliche Verschiebung zu höheren Kohlenstoffgehalten beim Vergleich mit dem bisher allgemein verwendeten Schaubild [5]. Die Punkte E' und E liegen bei 2,01 und 2,03% C. Die hierfür gültige Toleranz dürfte bei $\pm$ 0,05 bis $\pm$ 0,1% C liegen. Der Punkt B liegt ebenfalls bei einem höheren Kohlenstoffgehalt von 0,53%, wodurch der bisher angenommene Knick im Verlauf der Liquiduslinie ABC abgeschwächt wird. Die Soliduslinie JE ist nach den neueren Ergebnissen nach oben gekrümmt und nicht

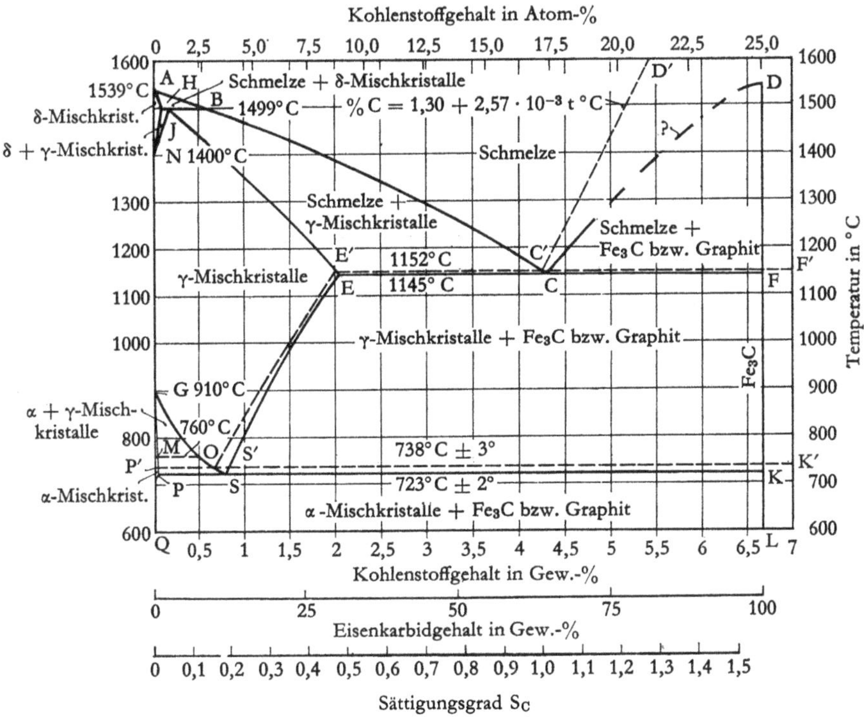

Abb. 1 Das Zustandsschaubild Eisen–Kohlenstoff, Schrifttum siehe F. Neumann, H. Schenck und W. Patterson [1]

mehr, wie bisher vermutet, nach unten, was einer erhöhten Kohlenstoffaufnahme des aus der Schmelze ausgeschiedenen γ-Mischkristalls gleichkommt.
Die Löslichkeit des Kohlenstoffs im flüssigen Eisen wird durch die $C'D'$-Linie gekennzeichnet. Ihr Verlauf kann zwischen der eutektischen Temperatur von 1152 und 2000° C mit hinreichender Genauigkeit als linear angenommen werden; die Kohlenstoffsättigungskonzentration für Gewichtsprozentdarstellung folgt der Gleichung:

$$\% \, C_{(\max)} = 1{,}30 + 2{,}57 \cdot 10^{-3} \cdot t^\circ C \quad [1152\text{–}2000^\circ C] \, [1] \qquad (1)$$

In Molenbruchdarstellung errechnet sich die Sättigungskonzentration nach:

$$\log N_{C(\max)} = -\frac{12{,}7276}{T} + 0{,}7266 \cdot \log T - 3{,}0486 \quad [1425\text{–}2300^\circ K] \, [4] \qquad (2)$$

Für die eutektische Temperatur von 1152° C findet man 4,26% C bei Gewichtsprozentdarstellung und bei Molenbruchdarstellung

$$N_C = \frac{\% \, C/M_C}{\% \, C/M_C + \% \, Fe/M_{Fe}} = 0{,}1714$$

(M = Molekulargewicht).

Daß die Kohlenstofflöslichkeit durch Zusatz weiterer Legierungselemente erhöht oder erniedrigt werden kann, ist allgemein bekannt. In engem Zusammenhang damit steht der Einfluß von Zusatzelementen auf die physikalisch-chemische Wirksamkeit, d. h. auf die Aktivität des Kohlenstoffs im Eisen [1]. Die Aktivität des Kohlenstoffs a_C gibt ein quantitatives Maß für die physikalisch-chemische Wirksamkeit in der entsprechenden Lösung; die Kenntnis dieser Größe erlaubt eine Aussage über die Bereitschaft des Kohlenstoffs, mit anderen Stoffen zu reagieren, oder sie gibt beispielsweise ein Maß für seine Tendenz, sich bei Abkühlung graphitisch oder karbidisch auszuscheiden. Dies ist für die Gußeisenherstellung von Wichtigkeit und soll daher im folgenden näher betrachtet werden.
Das Gußgefüge bestimmt im wesentlichen die mechanischen, chemischen und physikalischen Eigenschaften des Gußstückes. Der Gießer ist aus diesem Grunde bestrebt, bestimmte Gefüge in den jeweils geforderten Gußsorten zu erzielen. Das Gefüge ergibt sich aus dem Erstarrungsablauf, der seinerseits von den Abkühlungs- und Keimbildungsbedingungen sowie der chemischen Zusammensetzung abhängt. Je nach Abkühlungs- und Keimbildungsbedingungen können die Kornfeinheit und die Graphitausbildung in weiten Grenzen schwanken, worauf hier nicht näher eingegangen werden soll. Die Änderung der chemischen Zusammensetzung beeinflußt auf verschiedene Weise den Erstarrungsablauf und das Gefüge, einmal durch das Auftreten oder Ausscheiden neuer Phasen oder durch Verschiebung der Phasengebiete, zum anderen durch die rein physikalisch-chemische Wirkung der Zusatzelemente auf den Kohlenstoff. Dem letztgenannten kommt deshalb so große Bedeutung zu, weil Eisen–Kohlenstoff-Legierungen sowohl nach dem stabilen als auch nach dem metastabilen

System erstarren können. Eine Erhöhung der physikalisch-chemischen Wirksamkeit des Kohlenstoffs, d. h. der Kohlenstoffaktivität, geht parallel mit größerer Bereitschaft, sich graphitisch auszuscheiden. Im anderen Fall wirkt das Zusatzelement karbidstabilisierend.

Im folgenden wird der Einfluß der Begleitelemente im Gußeisen auf die Kohlenstoffaktivität und die daraus folgende graphitisierende oder karbidstabilisierende Wirkung der Elemente herausgestellt. Parallel mit diesem Einfluß der Begleitelemente auf Kohlenstoff geht die Wirkung dieser Elemente auf die Kohlenstofflöslichkeit im Eisen und somit auf die Lage des eutektischen Punktes C' im Eisen–Kohlenstoff-Diagramm. Elemente, die wie beispielsweise Silizium eine Erhöhung der Aktivität des Kohlenstoffes verursachen, steigern auch die Neigung des Kohlenstoffes, sich graphitisch auszuscheiden und setzen die Kohlenstofflöslichkeit herab, verschieben somit Punkt C' nach links. Ganz allgemein kann gesagt werden, daß die Elemente mit größerer Tendenz zur Karbidbildung als Eisen die Kohlenstofflöslichkeit erhöhen, wogegen im anderen Falle eine Verminderung der Kohlenstofflöslichkeit eintritt. Zu den erstgenannten gehören Chrom, Molybdän, Wolfram, Tantal, Vanadin, Niob, Titan, wogegen die Elemente Silizium, Aluminium, Kupfer, Nickel, Kobalt, Zirkon, Phosphor und Schwefel die Kohlenstofflöslichkeit herabsetzen. An dieser Stelle sei auf die Arbeit von F. Neumann, H. Schenck und W. Patterson [1] verwiesen, die die physikalisch-chemischen Gesetzmäßigkeiten in Anwendung auf Eisen–Kohlenstoff–X-Legierungen (X = Zusatzelemente) ausführlich beschreiben.

Die Sättigungskonzentration im Zweistoffsystem Eisen–Kohlenstoff wird mit $N_{C(\max)}$ bei Molenbruchdarstellung und mit $\%\,C_{(\max)}$ bei Gewichtsprozentdarstellung, im Dreistoffsystem Eisen–Kohlenstoff–X mit $N_{C(\max)}^{(X)}$ bzw. $\%\,C_{(\max)}^{(X)}$ (X = Zusatzelement) bezeichnet. Für das Zweistoffsystem errechnen sich die Werte für $N_{C(\max)}$ oder $\%\,C_{(\max)}$ bei einer bestimmten Temperatur nach Gl. (2) oder nach Gl. (1).

Die Differenz zwischen der Zwei- und Dreistofflösung ergibt sich demzufolge für Molenbruchdarstellung zu:

$$\Delta N_C^{(X)} = N_{C(\max)}^{(X)} - N_{C(\max)} \tag{3}$$

und für Gewichtsprozentdarstellung zu:

$$\Delta\,\%\,C^{(X)} = \%\,C_{(\max)}^{(X)} - \%\,C_{(\max)} \tag{4}$$

$\Delta N_C^{(X)}$ bzw. $\Delta\,\%\,C^{(X)}$ sind von der Konzentration des Zusatzelementes N_X bzw. $\%\,X$ abhängig, aber wie E. T. Turkdogan und E. Leake [6] schon feststellten, nur in geringem Maße von der Temperatur. Die Konzentrationsabhängigkeit läßt sich im Bereich geringer Zusätze durch eine lineare Funktion entsprechend der Gleichung

$$\Delta N_C^{(X)} = m \cdot N_X \tag{5}$$

für Molenbruch und

$$\Delta\,\%\,C^{(X)} = m' \cdot \%\,X \tag{6}$$

für Gewichtsprozent darstellen.

Tab. 1 Einfluß der Zusatzelemente auf die Kohlenstofflöslichkeit im flüssigen Eisen
Zusammenstellung der experimentell und an Hand des Netzdiagrammes Abb. 3a und b ermittelten Werte für die Faktoren m und m' [s. Gl. (5) und (6)] der verschiedenen Zusatzelemente.

Stellung des Zusatzelementes im periodischen System		Zusatzelement X	$\Delta N_C^{(X)} = m \cdot N_X$			$\Delta \% C^{(X)} = m' \cdot \% X$		
Periode	Ordnungszahl		$m_{exp.}$	$m_{Syst.}$	Gültigkeitsbereich	$m'_{exp.}$	$m'_{Syst.}$	Gültigkeitsbereich
I	1	H	–	— 0,17	–	–	+ 0,325	–
II	2	He	–	0,0	–	–	+ 0,648	–
	3	Li	–	— 0,17	–	–	— 0,004	–
	4	Be	–	— 0,34	–	–	— 0,276	–
	5	B	— 0,575	— 0,51	$N_B < 0,04$	— 0,539	— 0,462	% B < 1,0
	6	C	— 0,67	— 0,68	–	— 0,610	— 0,622	–
	7	N	–	— 0,85	–	–	— 0,712	–
	8	O	–	— 1,02	–	–	— 0,781	–
	9	F	–	— 1,19	–	–	— 0,792	–
III	10	Ne	–	0,0	–	–	+ 0,088	–
	11	Na	–	— 0,17	–	–	— 0,034	–
	12	Mg	–	— 0,34	–	–	— 0,134	–
	13	Al	— 0,52	— 0,51	$N_{Al} < 0,05$	— 0,220	— 0,215	% Al < 2,0
	14	Si	— 0,71	— 0,68	$N_{Si} < 0,07$	— 0,310	— 0,294	% Si < 5,5
	15	P	— 0,81	— 0,85	$N_P < 0,048$	— 9,331	— 0,349	% P < 3,0
	16	S	— 1,00	— 1,02	$N_S < 0,004$	— 0,405	— 0,414	% S < 0,4
	17	Cl	–	— 1,19	–	–	— 0,447	–
	18	Ar	–	0,0	–	–	+ 0,020	–
	19	K	–	+ 0,77	–	–	+ 0,301	–
	20	Ca	–	+ 0,66	–	–	+ 0,253	–
	21	Sc	–	+ 0,55	–	–	+ 0,185	–

	22	Ti	+ 0,508	+ 0,44	$N_{Ti} < 0,013$	+ 0,159	+ 0,138	% Ti < 1,6
	23	V	+ 0,359	+ 0,33	$N_{V} < 0,1$	+ 0,105	+ 0,097	% V < 11,0
	24	Cr	+ 0,215	+ 0,22	$N_{Cr} < 0,13$	+ 0,064	+ 0,062	% Cr < 10,0
	25	Mn	+ 0,105	+ 0,11	$N_{Mn} < 0,30$	+ 0,028	+ 0,029	% Mn < 25,0
IV	26	Fe	0,0	0,0	–	0,0	0,0	–
	27	Co	— 0,10	— 0,11	$N_{Co} < 0,20$	— 0,027	— 0,029	% Co < 40,0
	28	Ni	— 0,20	— 0,22	$N_{Ni} < 0,10$	— 0,051	— 0,055	% Ni < 8,0
	29	Cu	— 0,313	— 0,33	$N_{Cu} < 0,02$	— 0,076	— 0,080	% Cu < 3,8
	30	Zu	–	— 0,44	–	–	— 0,102	–
	31	Ga	–	— 0,55	–	–	— 0,122	–
	32	Ge	— 0,677	— 0,66	$N_{Ge} < 0,1$	— 0,144	— 0,141	% Ge < 14,0
	33	As	— 0,734	— 0,77	$N_{As} < 0,07$	— 0,151	— 0,159	% As < 10,0
	34	Se	–	— 0,88	–	–	— 0,173	–
	35	Br	–	— 0,99	–	–	— 0,191	–
	36	Kr	–	0,0	–	–	— 0,017	–
	37	Rb	–	+ 0,77	–	–	+ 0,110	–
	38	Sr	–	+ 0,66	–	–	+ 0,089	–
	39	**Y**	–	+ 0,55	–	–	+ 0,069	–
	40	Zr	–	+ 0,44	–	–	+ 0,049	–
	41	Nb	+ 0,51	+ 0,33	$N_{Nb} < 0,045$	+ 0,058	+ 0,030	% Nb < 9,0
	42	Mo	+ 0,24	+ 0,22	$N_{Mo} < 0,14$	+ 0,014	+ 0,012	% Mo < 2,0
	43	Tc	–	+ 0,11	–	–	— 0,001	–
V	44	Ru	0,0	0,0	$N_{Ru} < 0,008$	— 0,020	— 0,023	% Ru < 1,5
	45	Rh	–	— 0,11	–	–	— 0,038	–
	46	Pd	–	— 0,22	–	–	— 0,053	–
	47	Ag	–	— 0,33	–	–	— 0,067	–
	48	Cd	–	— 0,44	–	–	— 0,081	–
	49	In	–	— 0,55	–	–	— 0,094	–
	50	Sn	— 0,70	— 0,66	$N_{Sn} < 0,02$	— 0,110	— 0,104	% Sn < 4,5
	51	Sb	— 0,79	— 0,77	$N_{Sb} < 0,05$	— 0,119	— 0,117	% Sb < 15,0
	52	Te	— 0,85	— 0,88	$N_{Te} < 0,005$	— 0,122	— 0,126	% Te < 1,5
	53	J	–	— 0,99	–	–	— 0,138	–

Tab. 1 (Fortsetzung)

Stellung des Zusatzelementes im periodischen System		Zusatz-element X	$\Delta N_C^{(X)} = m \cdot N_X$			$\Delta \% C^{(X)} = m' \cdot \% X$		
Periode	Ordnungs-zahl		$m_{exp.}$	$m_{Syst.}$	Gültigkeits-bereich	$m'_{exp.}$	$m'_{Syst.}$	Gültigkeits-bereich
VI	54	Xe	–	0,0	–	–	— 0,029	–
	55	Cs	–	+ 0,77	–	–	+ 0,053	–
	56	Ba	–	+ 0,66	–	–	+ 0,038	–
	57/71	SE	–	+ 0,55	–	–	–	–
	72	Hf	–	+ 0,44	–	–	+ 0,0006	–
	73	Ta	+ 0,49	+ 0,33	$N_{Ta} < 0,03$	+ 0,004	— 0,009	% Ta < 11,0
	74	W	+ 0,256	+ 0,22	$N_W < 0,05$	— 0,015	— 0,018	% W < 18,0
	75	Re	–	+ 0,11	–	–	— 0,027	–
	76	Os	0,0	0,0	$N_{Os} < 0,013$	— 0,035	— 0,035	% Os < 4,0
	77	Ir	–	— 0,11	–	–	— 0,044	–
	78	Pt	— 0,224	— 0,22	$N_{Pt} < 0,015$	— 0,052	— 0,052	% Pt < 6,0
	79	Au	— 0,333	— 0,33	$N_{Au} < 0,024$	— 0,060	— 0,060	% Au < 10,0
	80	Hg	–	— 0,44	–	–	— 0,017	–
	81	Ti	–	— 0,55	–	–	— 0,074	–
	82	Pb	–	— 0,66	–	–	— 0,082	–
	83	Bl	–	— 0,77	–	–	— 0,089	–
	84	Po	–	— 0,88	–	–	— 0,096	–
	85	At	–	— 0,99	–	–	— 0,103	–
VII	86	Rn	–	0,0	–	–	— 0,037	–
	87	Fr	–	+ 0,77	–	–	+ 0,012	–
	88	Ra	–	+ 0,66	–	–	+ 0,004	–
	89	Ac	–	+ 0,55	–	–	— 0,003	–
	90	Th	–	+ 0,55	–	–	— 0,004	–
	91	Pa	–	+ 0,55	–	–	— 0,004	–
	92	U	+ 0,53	+ 0,55	$N_U < 0,01$	— 0,006	— 0,005	% U < 5,0

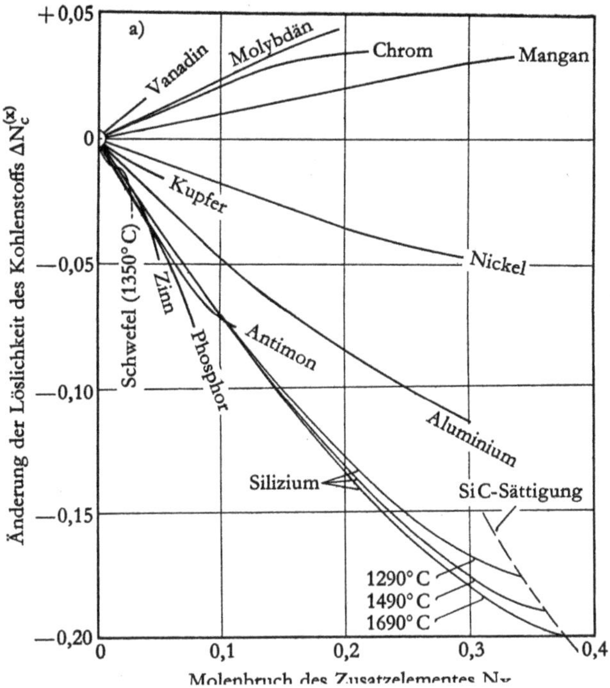

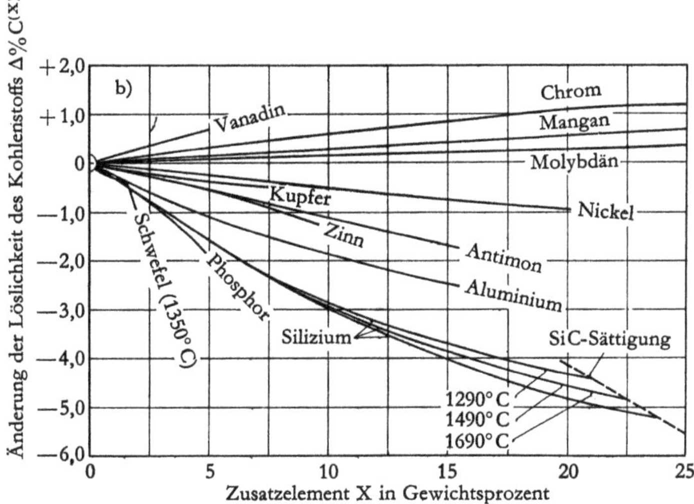

Abb. 2 Einfluß verschiedener Zusatzelemente auf die Kohlenstofflöslichkeit in Eisen-*X*-Kohlenstoff-Schmelzen
a) in Molenbruchdarstellung
b) in Gewichtsprozentdarstellung
nach F. Neumann, H. Schenck und W. Patterson [1]

Abb. 3 Einfluß der Zusatzelemente X auf die Kohlenstofflöslichkeit und Kohlenstoffaktivität im flüssigen Eisen

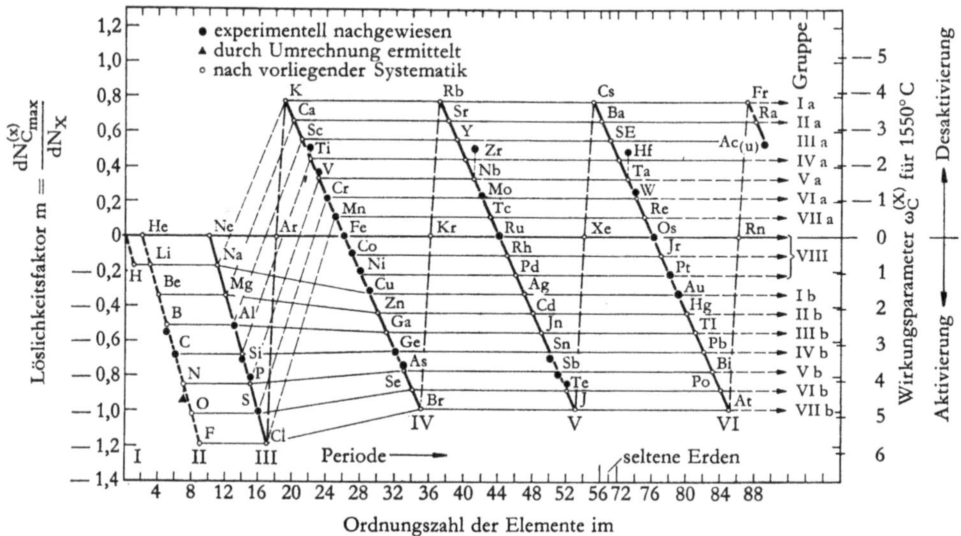

a) Zusammenhang zwischen dem Löslichkeitsfaktor m $(\Delta N_C^{(X)} = m \cdot N_X)$ sowie dem Wirkungsparameter $\omega_C^{(X)}$ und der Ordnungszahl im periodischen System

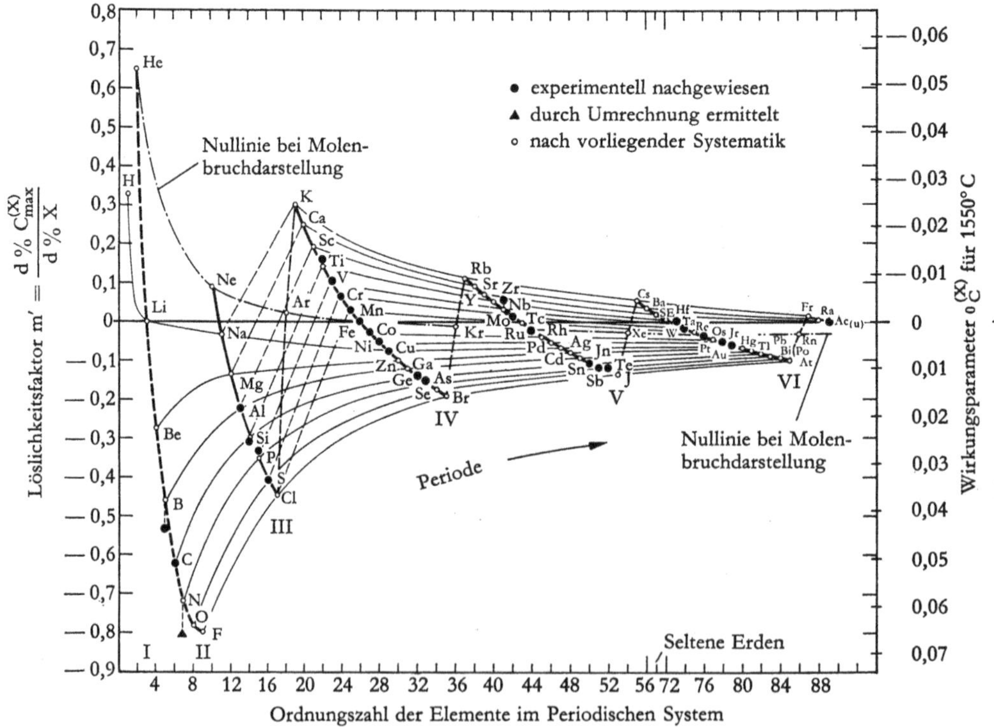

b) Zusammenhang zwischen dem Löslichkeitsfaktor m' $(\Delta \% C^{(X)} = m' \cdot \% X)$ sowie dem Wirkungsparameter $o_C^{(X)}$ und der Ordnungszahl im periodischen System

Die Werte für m und m' sind in Tab. 1 für die verschiedenen Zusatzelemente zusammengestellt. Die experimentell ermittelten Werte sind mit m_{exp} und m'_{exp} bezeichnet, wogegen die auf Grund der in den Abb. 3a und b dargestellten Zusammenhänge zwischen diesen Faktoren und der Ordnungszahl des periodischen Systems vermuteten Werte mit $m_{Syst.}$ und $m'_{Syst.}$ bezeichnet sind.
In den Abb. 2a und b sind die Δ-Funktionen in Abhängigkeit von der Konzentration einiger Zusatzelemente, die experimentell untersucht wurden, graphisch wiedergegeben. Die Darstellung gibt eine gute Vergleichsmöglichkeit für die Wirkung der einzelnen Elemente. Bei löslichkeitsverminderndem Einfluß werden $\Delta N_C^{(X)}$ und $\Delta\,\%\,C^{(X)}$ negativ und im anderen Falle positiv. Bei höheren Siliziumgehalten zeigt sich eine Temperaturabhängigkeit und schließlich die Sättigungsgrenze für Silizium und Kohlenstoff, bei deren Überschreiten es zur Ausscheidung von Siliziumkarbid kommt. Ein ähnlicher Temperatureinfluß liegt bei Schwefel vor, der der Übersicht wegen nicht eingezeichnet wurde [1].
Bei Kenntnis der Δ-Funktion $\Delta N_C^{(X)}$ und $\Delta\,\%\,C^{(X)}$ ergibt sich somit die Möglichkeit, die Sättigungskonzentration des Kohlenstoffes durch Berücksichtigung der Verschiebung durch die Legierungs- und Begleitelemente genau zu bestimmen. Beispielsweise errechnet sie sich für eine Eisen–Mangan–Silizium–Phosphor–Kohlenstoff-Schmelze in Gewichtsprozent bei einer Temperatur von t°C nach

$$\%\,C_{(max)}^{(Mn,\,Si,\,P)} = \underbrace{1{,}3 + 2{,}57 \cdot 10^{-3}\, t\,°C}_{\%\,C_{(max)}\ [\text{s. Gl. (1)}]} + \Delta\,\%\,C^{(Mn)} + \Delta\,\%\,C^{(Si)} + \Delta\,\%\,C^{(P)} \qquad (7)$$

Zur Berechnung der eutektischen Konzentration C' wird die eutektische Temperatur eingesetzt.
Für die Anwendbarkeit der Gl. (7) muß allerdings eine wichtige Voraussetzung gegeben sein: Es muß geprüft werden, ob die in Tab. 1 angeführten Werte für m und m', die aus experimentellen Untersuchungen der betreffenden Dreistoffsysteme Eisen–Kohlenstoff–X bestimmt wurden, auch auf die Vier- und Mehrstoffsysteme übertragen werden können. Auf Grund verschiedener Forschungsarbeiten [1] kann die Wirkung der Zusatzelemente auf die Kohlenstofflöslichkeit im Bereich geringer Konzentrationen im allgemeinen als additiv angenommen werden [7]. Infolge der atomaren Wechselwirkungen der im Eisen gelösten Elemente, die sowohl die Löslichkeit des Kohlenstoffs im Austenit als auch in der Schmelze beeinflussen, ist ein Abweichen möglich.

2. Zusammenhang zwischen dem Einfluß der Zusatzelemente auf die Kohlenstofflöslichkeit und der Ordnungszahl im periodischen System

Der Faktor *m* bzw. *m'* [s. Gl. (5) und (6)] stellt eine für die Wirkung des betreffenden Elementes X auf die Kohlenstofflöslichkeit spezifische Größe dar, die mit dem Aufbau des periodischen Systems in Zusammenhang steht [1, 4, 8, 9]. In den Abb. 3a und b ist der Faktor *m* bzw. m' gegen die Ordnungszahl des periodischen Systems aufgetragen. Die bisher vorliegenden experimentellen Werte sind durch schwarze Punkte, die vermuteten durch offene Kreise gekennzeichnet.

Wie aus Abb. 3a hervorgeht, zeigt der auf Molenbruchbasis errechnete Faktor *m* eine lineare Zuordnung zur Ordnungszahl innerhalb der einzelnen Perioden. Die den großen Perioden (vierte, fünfte und sechste Periode) entsprechenden Geraden scheinen parallel zu verlaufen. In ähnlicher Weise verläuft die Gerade für die kleine zweite Periode der der dritten Periode parallel.

Weiterhin zeigt sich, daß die Wirkung der einer Gruppe des periodischen Systems zugeordneten Elemente auf das physikalisch-chemische Verhalten des Kohlenstoffs gleich groß ist. Allerdings tritt beim Übergang von den großen zu kleinen Perioden (von der vierten zur dritten Periode) ein Sprung auf, wie aus Abb. 3a hervorgeht. Dem Schnittpunkt der Geraden mit der Nullinie kommt besondere Bedeutung zu, denn er besagt, daß die betreffenden Elemente sich gegenüber Kohlenstoff indifferent verhalten. Für die Edelgase ist dieser Sachverhalt einleuchtend, ebenso für Eisen. Interessanterweise sind demzufolge Ruthenium und Osmium, die mit dem Eisen in der gleichen Gruppe des periodischen Systems stehen, ebenfalls ohne Einfluß auf die Kohlenstofflöslichkeit. Die sich aus Abb. 3a ergebenden Werte für *m* sind in Tab. 1 für das gesamte periodische System zusammengestellt.

Bei streng wissenschaftlichen Betrachtungen muß der Molenbruch als Maß für die Konzentration zugrunde gelegt werden. Da aber das Rechnen mit Molenbrüchen etwas umständlich ist, wird meistens zur Bestimmung der Kohlenstofflöslichkeit die Gewichtsprozenteinheit verwendet. Aus diesem Grunde wurde eine Gleichung abgeleitet, die eine Umrechnung des auf Molenbruch bezogenen Faktors »*m*« [s. Gl. (5)] in den Faktor »m'« [s. Gl. (6)] für Gewichtsprozentdarstellung gestattet. Dazu wurden folgenden Ansatzgleichungen aufgestellt:

a) $$N^{(X)}_{C\,(\max)} - \mathrm{N}_{C\,(\max)} = m \cdot N_X$$

b) $$N^{(X)}_{C\,(\max)} = \frac{\dfrac{\%\,\mathrm{C}^{(X)}_{(\max)}}{M_C}}{\dfrac{\%\,\mathrm{C}^{(X)}_{(\max)}}{M_C} + \dfrac{\%\,X}{M_X} + \dfrac{100 - \%\,\mathrm{C}^{(X)}_{(\max)} - \%\,X}{M_{\mathrm{Fe}}}}$$

c) $$N_{C\,(\max)} = \frac{\dfrac{\%\,C_{(\max)}}{M_C}}{\dfrac{\%\,C_{(\max)}}{M_C} + \dfrac{100 - \%\,C_{(\max)}}{M_{Fe}}}$$

d) $$N_X = \frac{\dfrac{\%X}{M_X}}{\dfrac{\%X}{M_X} + \dfrac{\%\,C^{(X)}_{(\max)}}{M_C} + \dfrac{100 - \%\,C^{(X)}_{(\max)} - \%X}{M_{Fe}}}$$

e) $$\%\,C^{(X)}_{(\max)} = m' \cdot \%X + \%\,C_{(\max)}$$

Dieser Ansatz läßt sich auf alle Dreistoffsysteme übertragen, so daß sich die hieraus abgeleitete Beziehung zwischen m und m' in der allgemeingültigen Form schreiben läßt:

$$m' = \frac{\%\,B \cdot (m \cdot M_A - m \cdot M_B + M_A - M_X) + 100 \cdot M_B \cdot m}{100 \cdot M_X} \tag{8}$$

A = Lösungsmittel (hier Eisen), B = gelöster Stoff (hier Kohlenstoffsättigungsgehalt im Zweistoffsystem Eisen–Kohlenstoff), X = Zusatzelement, M = Molekulargewicht.

Auf Fe — C — X-Schmelzen übertragen erhält Gl. 8 somit folgende Form:

$$m' = \frac{\%\,C_{\max} \cdot (m \cdot M_{Fe} - m \cdot M_C + M_{Fe} - M_X) + 100 \cdot M_C \cdot m}{100 \cdot M_X} \tag{8a}$$

Ihre Anwendung hat zur Voraussetzung, daß die Gl. a) und e) jeweils auf konstante Aktivität des Stoffes B (hier Kohlenstoff) bezogen sein müssen, wenn auch die Aktivität selbst beliebig groß sein kann. Weiterhin bleibt sie auf den Bereich geringer X-Konzentration beschränkt, in dem eine lineare Zuordnung von Gewichtsprozent und Molenbruch erlaubt ist, da die Ansatzgleichungen a) und e) als linear angesetzt wurden.

Setzt man für die untersuchten Systeme eine mittlere Temperatur von 1440° C an, so wird der Sättigungsgehalt des Kohlenstoffs im binären System $\%\,C_{\max} = 5{,}0$. Gleichung (8a) vereinfacht sich somit zu:

$$m' = \frac{1420{,}2 \cdot m - 5 \cdot M_X + 279{,}25}{100 \cdot M_X} \tag{9}$$

In Abb. 3b und Tab. 1 sind die experimentellen und die nach Gl. (9) und Abb. 3a berechneten Werte für m' eingetragen. Sowohl die einer Periode als auch die einer Gruppe des periodischen Systems zugeordneten Elemente lassen sich nicht mehr wie in Abb. 3a durch Geraden, sondern durch Kurven miteinander verbinden. Mit zunehmender Differenz zwischen dem Molekulargewicht des Eisens

und des Zusatzelementes X tritt die Verzerrung stärker hervor. Demzufolge verschieben sich auch die Nulldurchgänge für Helium (He), Neon (Ne), Krypton (Kr), Ruthenium (Ru), Xenon (Xe), Osmium (Os), Radon (Rn). Bei Gewichtsprozentdarstellung kommt diesen Elementen ein Einfluß auf die Kohlenstofflöslichkeit zu, der aber infolge der unterschiedlichen Molekulargewichte nur scheinbar vorhanden ist. Noch deutlicher tritt diese Verschiebung bei den Elementen Technetium (Tc), Tantal (Ta), Wolfram (W) und Rhenium (Re) hervor, die bei Zugrundelegung des Molenbruches die Kohlenstofflöslichkeit erhöhen, aber bei Wahl der Gewichtskonzentrationen einen kohlenstoffverdrängenden Einfluß haben. Allerdings führt die Berechnung der Kohlenstoffsättigungskonzentration mit Hilfe der in Tab. 1 angegebenen Werte für m' naturgemäß zu richtigem Ergebnis. Dies ist ein bemerkenswertes Beispiel dafür, daß die Verwendung von Gewichtsprozent an Stelle des Molenbruchs zu falschen Schlüssen führen kann. Bei allen physikalisch-chemischen Gesetzen muß die Konzentrationsgröße in Form des Molenbruches angegeben oder aber auf die Volumeneinheit bezogen werden.
In den Abb. 3a und b wurde die Lage der »Seltenen Erden« dem Aufbau des periodischen Systems entsprechend eingezeichnet und die Gruppenordnung beibehalten.
Das Netzdiagramm gibt auch Aufschluß über die Wirkung der Elemente, deren experimentelle Bestimmung auf Grund einer beschränkten Löslichkeit im Eisen nur schwer möglich ist, so z. B. Silber (Ag), Wismut (Bi), Blei (Pb) und ebenfalls die Gase Stickstoff und Sauerstoff, die beide die Kohlenstofflöslichkeit herabsetzen.

3. Graphitisierende und karbidstabilisierende Wirkung der Zusatzelemente

Da, wie anfangs erwähnt, ein direkter Zusammenhang zwischen dem Einfluß der Zusatzelemente auf Kohlenstofflöslichkeit und auf Kohlenstoffaktivität besteht, gibt der Faktor m oder m' gleichzeitig ein qualitatives Maß für die graphitisierende oder karbidstabilisierende Wirkung dieser Elemente. Ist m oder m' negativ, so wird die Kohlenstoffaktivität und somit die graphitisierende Wirkung erhöht. Im anderen Falle ist es umgekehrt. Die graphitisierende Tendenz nimmt deshalb nach Abb. 3 von Kobalt (Co) bis zum Brom (Br), von Natrium (Na) bis zum Chlor (Cl) zu, wogegen vom Mangan (Mn) bis zum Kalium (K), vom Technetium (Tc) bis zum Rubidium (Rb) usw. entsprechend der Anordnung der Elemente in den einzelnen Perioden die karbidstabilisierende Wirkung zunimmt.

Allgemein ist bekannt, daß Schwefel eine Erstarrung nach dem metastabilen System fördert, obwohl nach den in Abb. 3 dargestellten Zusammenhängen dieses Element die Erstarrung nach dem stabilen System begünstigen müßte ($m' = -0,40$). Da Schwefel in Gußeisen aber nur in gleicher Konzentration vor-

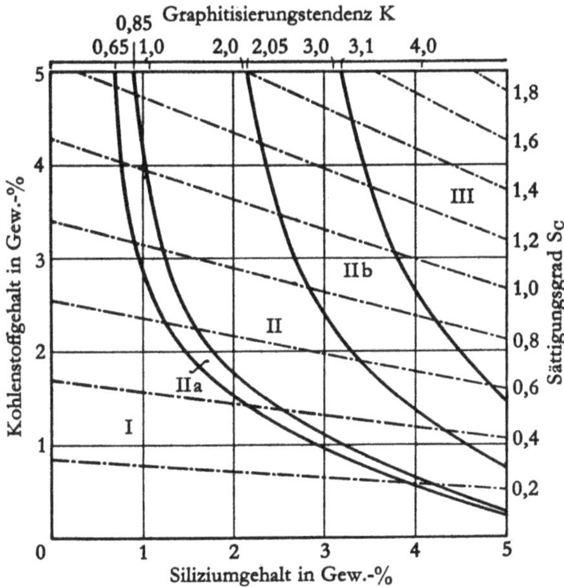

Abb. 4 Gußeisendiagramm nach H. Laplanche, mit Linien gleicher K- (——) und S_c-Werte (–.–.–) (gültig für den 30-mm-Probestab in Sand vergossen)
I = ledeburitisch, II = perlitisch, III = ferritisch, IIa und IIb = Übergangsgefüge

handen ist, wird die aktivitätserhöhende und damit graphilisierende Wirkung kaum spürbar. Hier müssen demnach andere Ursachen vorliegen, welche die Erstarrung nach dem stabilen System begünstigen. Im Gießerei-Institut der Technischen Hochschule Aachen werden zur Zeit Untersuchungen durchgeführt, um das Verhalten von Schwefel zu klären.

Die gelösten Anteile der Gase Stickstoff und Sauerstoff haben ebenfalls eine aktivitätserhöhende Wirkung. Diese Auswirkung kann, wie verschiedene Beobachtungen zeigen, dann in das Gegenteil verkehrt werden, wenn Schmelzen mit solchen Gasen gespült und dadurch Fremdteilchen entfernt werden, die sonst die Keimbildung des Graphits in der eutektischen Zelle erleichtert hätten. Die physikalisch-chemischen Zusammenhänge werden also durch die Änderung der Keimbildungsbedingungen verdeckt.

H. Laplanche [10] versuchte ein absolutes Maß für die Graphitisierungstendenz auf Grund der bei der eutektischen Erstarrung auftretenden Phasenzusammensetzungen abzuleiten, um auf diese Weise bei gegebenen Abkühlungs- und Keimbildungsbedingungen eine direkte Beziehung zu der chemischen Zusammensetzung und dem Erstarrungsgefüge zu erhalten. Er ging dabei von den Überlegungen verschiedener Forscher, wie E. Maurer, H. Uhlitzsch, W. Weichelt, M. v. Schwarz, A. Väth und andere [11] aus, die mit Hilfe experimenteller Untersuchungsergebnisse Gußeisendiagramme aufgestellt haben, welche die verschiedenen Gefügefelder zum Kohlenstoff- und Siliziumgehalt des Gußeisens in Beziehung setzen (Abb. 4). H. Laplanche [10] geht aus von der Formel

$$K = M \cdot \sigma \qquad (10)$$

K = Graphitisierungstendenz, M = Menge eutektischen Graphits, σ = Siliziumgehalt im Karbid.

Er macht dabei die Annahme, daß die eutektische Graphitausscheidung nicht unmittelbar aus der Schmelze, sondern aus einem Karbidkomplex entsprechend der Zusammensetzung

$$(Fe_3C)_x \cdot (Fe_2Si)_y$$

erfolgt und daß die Löslichkeit des Zementits im γ-Eisen (auf das System Fe—Fe_3C bezogen) durch Silizium nicht beeinflußt wird. Unter dieser Voraussetzung lassen sich M und σ aus der chemischen Analyse von Eisen–Kohlenstoff–Silizium-Schmelzen berechnen, so daß sich ergibt:

$$K = \frac{4}{3}\,\mathrm{Si}\left(1 - \frac{5}{3\,\mathrm{C} + \mathrm{Si}}\right) \qquad (11)$$

In Abb. 4 sind die Linien gleichen K-Wertes, d. h. gleicher Graphitisierungstendenz, eingezeichnet, wobei die Grenzlinien für die Gefügefelder stark ausgezogen sind. Sie haben nur Gültigkeit für in Sand vergossene Probestäbe von 30 mm Durchmesser. Wird die Abkühlungsgeschwindigkeit geändert, so tritt eine Verschiebung dieser Grenzlinien ein. Der Übersicht wegen sind die Geraden für den Sättigungsgrad S_C mit eingetragen, auf deren Bedeutung im folgenden noch eingegangen wird.

4. Sättigungsgrad, Kohlenstoffäquivalent und Menge eutektischen Graphits

Wie schon erwähnt, ist das bei der Erstarrung entstehende Gefüge neben den Abkühlungs- und Keimbildungsbedingungen von der chemischen Zusammensetzung abhängig. Bei der Bewertung des Gußeisens werden die verschiedenen Eigenschaften, wie Festigkeit, Härte, Lunkerneigung oder die von W. PATTERSON [12] eingeführten Begriffe »Reifegrad« und »Relative Härte«, zu der chemischen Zusammensetzung in Beziehung gebracht, wobei als Maßzahl für die chemische Zusammensetzung meist der Sättigungsgrad verwendet wird.
Unter Sättigungsgrad wird definitionsgemäß das Verhältnis des gesamten Kohlenstoffgehaltes zur eutektischen Konzentration (Punkt C' im Eisen–Kohlenstoff-Schaubild) verstanden. Nach den neueren Untersuchungsergebnissen [1, 4] beträgt die eutektische Konzentration des Kohlenstoffes 4,26%. Demzufolge errechnet sich der Sättigungsgrad für das Zweistoffsystem Eisen–Kohlenstoff nach

$$S_C = \frac{\% \, C_{\text{anal}}}{4{,}26} \tag{12}$$

Die Werte für S_C sind in Abb. 1 auf der Abszisse eingetragen. Die Lage des Eutektikums C' verschiebt sich bei Zusatz weiterer Legierungselemente in der bereits besprochenen Weise. Im älteren Schrifttum [13, 14] wird normalerweise nur Silizium berücksichtigt, da Silizium in den üblichen Gußeisensorten in höheren Gehalten vorhanden ist und seine Wirkung die der anderen Elemente übertrifft. E. PIWOWARSKY und K. SCHICHTEL [15] stellten fest, daß der Phosphor- und Siliziumeinfluß nahezu identisch sind, so daß man oft die Formel findet:

$$S_C = \frac{\% \, C_{\text{anal}}}{4{,}23 - \dfrac{\text{Si} + \text{P}}{3{,}2}} \tag{13}$$

wobei die eutektische Konzentration noch mit 4,23 angenommen ist. Die Untersuchungen und Berechnungen wurden nun durchgeführt, um die Wirkung der weiteren Begleitelemente, insbesondere von Mangan und Schwefel, zu erfassen. Schon J. E. FLETSCHER [16] gibt einen Faktor für Mangan von 0,018 an, er bringt allerdings das stöchiometrisch errechnete Verbindungsgewicht des Mangans im Mangansulfid in Abzug, da er annimmt, daß sämtlicher Schwefel an Mangan gebunden ist und erst ein Überschuß an Mangan Einfluß auf die Lage des Eutektikums hat. Schwefel hat demzufolge keinen Einfluß. Ähnlich verfahren A. COLLAUD [17] und in einer neueren Arbeit noch P. TOBIAS und H. W. WENIG [18]. Die Letztgenannten korrigieren den von P. TOBIAS und G. BRINK-

MANN [19] ermittelten Faktor 0,066 durch Berücksichtigung der Mangan-Schwefel-Bindung entsprechend dem stöchiometrischen Verbindungsgewicht und stellen folgende Beziehung auf:

$$S_C = \frac{\% C_{anal}}{4{,}23 - 0{,}312 \cdot \% \mathrm{Si} - 0{,}33\% \mathrm{P} + 0{,}18\,(\% \mathrm{Mn} - 1{,}76\% \mathrm{S})} \tag{14}$$

Beim Vergleich dieser Faktoren mit den eigenen Werten (Tab. 1) für die angeführten Elemente zeigt sich, daß der Faktor für Mangan mit 0,066 und erst recht mit 0,18 wesentlich zu hoch gefunden wurde, wogegen der von J. E. FELTSCHER ermittelte Wert von 0,018 nur wenig von dem für das Dreistoffsystem gültigen Faktor $m' = 0{,}027$ [1] abweicht.

Die von verschiedenen Forschern gemachte Annahme, daß sämtlicher Schwefel an Mangan gebunden ist und somit nur das überschüssige Mangan zur Wirkung käme und Schwefel unter diesen Umständen keinen Einfluß hätte, dürfte nicht den heutigen metallurgischen Kenntnissen gerecht werden. Eine solche Korrektur wäre nur dann für die Berechnung des Sättigungsgrades zulässig, wenn sämtlicher Schwefel in Form des Sulfides MnS vor Erreichen der eutektischen Temperatur ausgeschieden würde und somit die Lage des Eutektikums nicht beeinflussen könnte. K. SANO und M. INOWE [20] untersuchten das Mangan–Schwefel-Gleichgewicht in einer kohlenstoffgesättigten Eisenlösung. Das Löslichkeitsprodukt [Mn] · [S] beträgt demnach bei 1200° C rd. 0,05, was bei der üblichen Gußeisenzusammensetzung nicht immer erreicht wird. Somit ist ein Ausscheiden von MnS/FeS-Teilchen vor Erreichen der eutektischen Temperatur nur teilweise zu erwarten, wenn bei der Abkühlung das Produkt überschritten wird. Bei einer genauen Berechnung des Sättigungsgrades muß Schwefel mit in den Sättigungsgrad einbezogen werden, da der Faktor m' für das Dreistoffsystem Eisen–Kohlenstoff–Schwefel mit —0,40 einen hohen spezifischen Einfluß erkennen läßt. Wie neuere Untersuchungen [7] zeigen, setzt sich die Wirkung von Mangan und Schwefel im Vierstoffsystem Fe—Mn—S—C additiv aus den entsprechenden Einflußgrößen für die Dreistoffsysteme zusammen, so daß die angeführten Löslichkeitsfaktoren m und m' ohne größere Bedenken auch auf das System »Gußeisen« übertragen werden können.

Die Formel zur Bestimmung des Sättigungsgrades nimmt bei Einführung der Δ-Werte eine einfache und übersichtliche Form an. Die Δ-Werte werden nach den Gl. (5) und (6) berechnet und die Faktoren m und m' der Tab. 1 entnommen.

Der Sättigungsgrad errechnet sich beispielsweise für eine Eisen–Silizium–Phosphor–Schwefel–Mangan–Kohlenstoff-Schmelze in der Form

$$\begin{aligned} S_C &= \frac{\% C_{anal}}{4{,}26 + \Delta \% C^{(Si)} + \Delta \% C^{(P)} + \Delta \% C^{(S)} + \Delta \% C^{(Mn)}} \\ &= \frac{\% C_{anal}}{4{,}26 - 0{,}31\% \mathrm{Si} - 0{,}33\% \mathrm{P} - 0{,}40\% \mathrm{S} + 0{,}028 \cdot \% \mathrm{Mn}} \end{aligned} \tag{15}$$

Wird die eutektische Temperatur durch die Zusatzelemente erhöht oder erniedrigt, was im allgemeinen der Fall ist, so muß an Stelle von 4,26 ein der neuen eutektischen Temperatur entsprechender Wert eingesetzt werden, der nach Gl. (1) berechnet wird.

Die allgemein gültige Form des Sättigungsgrades lautet demzufolge:

$$S_C = \frac{\% C_{\text{anal}}}{\% C^{ET}_{(\max)} + \Delta \% C^{(\text{Si})} + \Delta \% C^{(\text{P})} + \Delta \% C^{(\text{S})} + \Delta \% C^{(\text{Mn})} + \ldots} \quad (16)$$

($\% C^{ET}_{(\max)}$ errechnet sich nach Gl. (1), wobei für $t°$ die eutektische Temperatur des Mehrstoffsystems eingesetzt werden muß).

In Abb. 4 sind die Linien konstanten Sättigungsgrades für das System Eisen–Silizium–Kohlenstoff mit eingezeichnet. Daraus geht hervor, daß der Sättigungsgrad keine eindeutige Aussage über das bei der Erstarrung unter normalen Abkühlungsbedingungen entstehende Gußeisengefüge macht, da bei konstantem Sättigungsgrad durch Änderung des Silizium–Kohlenstoff–Verhältnisses sowohl perlitisches als auch ferritisches Grundgefüge auftreten kann. Anderseits konnten H. Jungbluth und P. A. Heller [21] und andere Forscher einen eindeutigen Zusammenhang zwischen dem Sättigungsgrad und der Zugfestigkeit ermitteln, was sofort verständlich wird, wenn man berücksichtigt, daß die normalen im 30-mm-Probestab abgegossenen Gußeisensorten ein perlitisches Grundgefüge aufweisen. Aus Abb. 4 ist ersichtlich, daß das Feld II, also das perlitische Gebiet, den Bereich der meisten Gußeisensorten umfaßt, so daß unter diesen Abkühlungsbedingungen ein ferritisches oder ledeburitisches Gefüge nur in wenigen Fällen auftritt und somit der Sättigungsgrad als Maß für die chemische Zusammensetzung zu den Festigkeitseigenschaften in Beziehung steht.

5. Berichtigter Sättigungsgrad S_r

Man muß sich darüber im klaren sein, daß der so definierte Sättigungsgrad ein Maß für die chemische Zusammensetzung und in Verbindung hiermit ein Maß für den Anteil des Eutektikums am Gefüge sein soll, was auch insofern zutrifft, als Schmelzen gleichen Sättigungsgrades gleich weit von der eutektischen Rinne entfernt liegen und somit bei der Erstarrung gleichen Gefügeanteil des Eutektikums zur Folge haben, vorausgesetzt, daß der Punkt E' keine Verschiebung erfährt. Da aber auch die Kohlenstofflöslichkeit im γ-Eisen durch die Begleitelemente beeinflußt wird, muß man, strenggenommen, diese Änderung berücksichtigen, wenn sie im allgemeinen auch nur in geringem Maße schwankt.
Aus diesem Grunde führte E. Piwowarsky [22] an Stelle des herkömmlichen Sättigungsgrades den berichtigten Sättigungsgrad ein:

$$S_r = \frac{\%\,C_{\text{anal}} - \%\,C_{E'}}{\%\,C_{C'} - \%\,C_{E'}} = \frac{\text{Menge Eutektikum}}{\text{Menge Eutektikum} + \text{Menge Austenit}} \quad (17)$$

welcher die Verschiebung des Punktes E' durch die Zusatzelemente berücksichtigt. Die Gl. (17) gibt unmittelbar den Mengenanteil des Eutektikums im Gefüge bei der eutektischen Erstarrung an. Beispielsweise besagt ein Wert von $S_r = 0{,}9$, daß das Gefüge zu 90% aus Eutektikum und zu 10% aus γ-Mischkristall entsprechend der Zusammensetzung des Punktes E' besteht. Liegt ein übereutektisches Eisen vor, so bleibt der Anteil am Eutektikum konstant 100%, da kein Primäraustenit auftritt und der Primärgraphit nicht berücksichtigt wird. $\%\,C_{C'}$ kann nach Gl. (7) berechnet werden, wogegen die genaue Berechnung von $\%\,C_{E'}$ mehr Schwierigkeiten bereitet, da der Einfluß der Legierungselemente auf die Kohlenstofflöslichkeit im γ-Eisen nur teilweise bekannt ist. Die Versuchsergebnisse verschiedener Forscher [23–41] wurden zusammenfassend ausgewertet und die daraus ermittelten, auf die eutektische Temperatur des betreffenden Dreistoffsystems bezogenen Faktoren $m'_{(\gamma\text{-Fe}, ET)}$ der einzelnen Zusatzelemente in Tab. 2 zusammengestellt. Daraus geht hervor, daß Mangan, Vanadin, Kupfer, Aluminium, die Kohlenstofflöslichkeit im γ-Eisen erhöhen, wogegen die Elemente Silizium, Phosphor, Nickel, Chrom, Kobalt, Wolfram, Titan, Schwefel und Molybdän das γ-Gebiet einengen. Von diesen Elementen erwies sich besonders die Wirkung von Silizium als stark temperaturabhängig. Mit fallender Temperatur wird der Einfluß größer; bei 1000° C ist $m' = -0{,}16$ [41]. Phosphor übt bis zu einem Gehalt von 0,4% einen stärkeren Einfluß als Silizium aus ($m' = -0{,}35$); über die Wirkung oberhalb dieser Konzentration liegen im Schrifttum [23, 25] sich wiedersprechende Angaben vor. Nach E. Piwowarsky und E. Söhnchen [23] tritt ab 0,4% P keine merkliche Verschiebung mehr ein, da nur noch wenig

Tab. 2 Einfluß der Eisenbegleiter auf die Kohlenstofflöslichkeit im γ-Eisen
Die Verschiebung des Punktes E' im Eisen–Kohlenstoff-Schaubild durch Zusatzelemente

Element	$\Delta\%C_{E'}^{(X)} = m'_{(\gamma\text{-Fe}, ET^*)} \cdot \%X$			Mittelwert
	$m'_{(\gamma\text{-Fe}, ET^*)}$	Gültigkeitsbereich	Schrifttum	
Si	— 0,12	% Si < 3	[23]	
	— 0,11	% Si von 0,25 bis 2,0	[24]	
	— 0,08	% Si von 2,0 bis 4,0	[24]	— 0,11
	— 0,17	% Si von 4,0 bis 6,5	[24]	für % Si < 6
	— 0,35	% Si von 6,5 bis 8,0	[24]	
	— 0,1	% Si von 2,4 bis 6,0	[13]	
P	— 0,3	% P < 1,1	[25]	— 0,35
	— 0,4	% P < 0,5	[23, 11]	für % P <0,4
Ni	— 0,09	% Ni < 5	[23, 11]	— 0,09
Cr	— 0,06	% Cr < 20	[26]	— 0,07
	— 0,07	% Cr < 20	[27]	für % Cr < 20
Co	— 0,017	% Co < 20	[28]	— 0,017
W	— 0,1	% W < 12	[29]	
	— 0,2	% W < 4	[30]	— 0,12 für % W < 12
	— 0,07	% W von 4,0 bis 12,0	[30]	
Ti	— 0,4	% Ti < 0,2	[31]	— 2,08
	— 2,5	% Ti von 0,2 bis 0,8	[31]	für % Ti <0,8
S	— 0,08	% Si < 5	[32]	— 0,08
Mo	— 0,3	% Mo < 4	[37]	— 0,3
V	+ 0,18	% V < 1	[33]	+ 0,18
Cu	+ 0,014	% Cu < 5	[34]	+ 0,014
Al	+ 0,1	% Al < 7	[35]	
	+ 0,06	% Al < 1	[36]	+ 0,08
	± 0,00	% Al von 0 bis 3	[23, 11]	für % Al < 10
	— 0,01	% Al von 3 bis 8	[23, 11]	
Mn	+ 0,008	% Mn < 20	[38]	
	+ 0,003	% Mn < 40	[39]	+ 0,006 für % Mn< 60
	+ 0,007	% Mn < 60	[40]	

* ET = eutektische Temperatur.

Phosphor vom Austenit gelöst wird. Für eine Eisen–Silizium–Phosphor–Mangan-Lösung errechnet sich demnach die Konzentration des Punktes E' nach der Gleichung.

$$C_{E'} = 2{,}01 - 0{,}11 \cdot \% \text{ Si} - 0{,}35 \cdot \% \text{ P} + 0{,}006 \cdot \% \text{ Mn} \qquad (18)$$

wobei die Lage des Punktes E' für das Zweistoffsystem Eisen–Kohlenstoff (Abb. 1) mit 2,01 angenommen ist. Die Abb. 5 erlaubt einen Vergleich der S_c- und S_r-Werte für das System Eisen–Kohlenstoff–Silizium. Daraus ist ersichtlich, daß der Verlauf der Geraden nahezu parallel ist, was bedeutet, daß einem Wert für S_r bei gegebenem Kohlenstoff und Siliziumgehalt auch nur ein Wert für S_c zukommen kann. Somit erhält der Sättigungsgrad S_c die gleiche Aussagekraft wie S_r. S_r hat den Vorteil größerer Anschaulichkeit, weil er den Anteil des Eutektikums am Gefüge unmittelbar angibt. Dagegen ist S_c leichter zu berechnen.

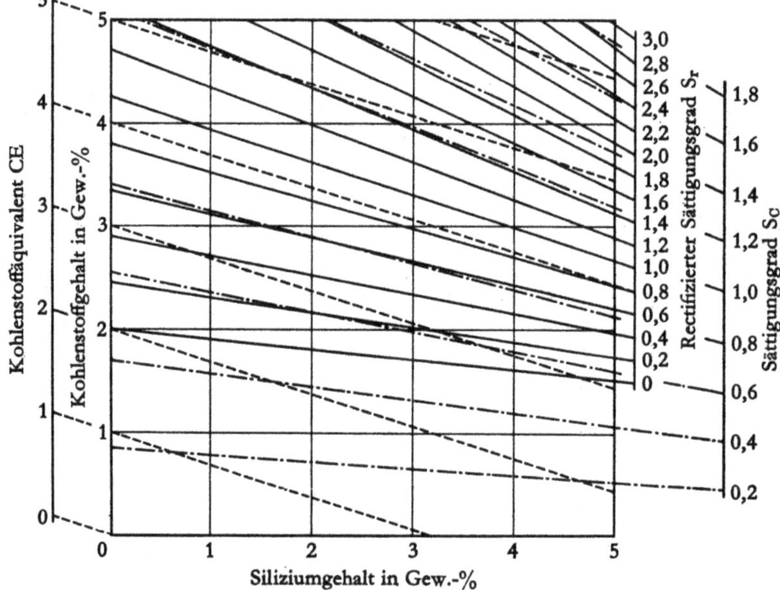

Abb. 5 Gegenüberstellung der Werte für die Sättigungsgrade S_c und S_r sowie für das Kohlenstoffäquivalent CE im System FE — C — X

6. Kohlenstoffäquivalent *CE*

Im angelsächsischen Schrifttum wird das Kohlenstoffäquivalent *CE* an Stelle des Sättigungsgrades verwendet, das sich in der einfachen allgemeinen Form

$$CE = \%\, C_{anal} - \Delta\, \%\, C^{(Si)} - \Delta\, \%\, C^{(P)} - \Delta\, \%\, C^{(Mn)} - \Delta\, \%\, C^{(S)} \qquad (19)$$

berechnet. Durch Einsetzen der Werte für m' erhält man

$$CE = \%\, C_{anal} + 0{,}31 \cdot \%\, Si + 0{,}33 \cdot \%\, P - 0{,}028 \cdot \%\, Mn + 0{,}4 \cdot \%\, S \qquad (19a)$$

Die Summanden $0{,}31 \cdot \%\, Si + \ldots$ geben also die dem Zusatzelement äquivalente Kohlenstoffmenge an. Die Elemente mit aktivitätserhöhender Wirkung, wie Silizium und Phosphor, erhalten ein positives Vorzeichen. Im anderen Falle ist es umgekehrt. *CE* macht somit eine der Aktivität ähnliche Aussage. In Abb. 5 sind ebenfalls die Linien für *CE* eingetragen. Daraus ist ersichtlich, daß die Geraden für *CE* den anderen nicht parallel verlaufen und somit trotz gleichen Gefügeanteils des Eutektikums unterschiedliche *CE*-Werte auftreten können, wenn auch im naheutektischen Bereich keine großen Abweichungen vorliegen. Die Geraden für *CE* laufen alle unter sich parallel der Linie für S_c und $S_r = 1$. *CE* sagt also weniger aus als der Sättigungsgrad und sollte aus diesem Grunde nicht zu den Festigkeitseigenschaften in Beziehung gesetzt werden.

7. Zusammenfassung

Neben den Abkühlungs- und Keimbildungsbedingungen stellt die Aktivität des Kohlenstoffs ein Maß für seine Bereitschaft, sich bei Abkühlung graphitisch oder karbidisch auszuscheiden, dar. Alle Elemente, welche die Kohlenstofflöslichkeit erhöhen, so z. B. Mangan und Chrom, erniedrigen die Kohlenstoffaktivität, wogegen die Elemente kohlenstoffverdrängender Wirkung, wie Silizium, Phosphor und Schwefel, die Aktivität und damit die Tendenz des Kohlenstoffes, sich graphitisch auszuscheiden, erhöhen. Auf Grund der bestehenden Zusammenhänge zwischen dem Einfluß der Elemente auf die Kohlenstofflöslichkeit im flüssigen Eisen und der Ordnungszahl des periodischen Systems ergibt sich die Möglichkeit, die Wirkung aller Elemente, auch wenn keine experimentellen Untersuchungen vorliegen, abzuleiten. Wird der Molenbruch als Konzentrationsmaß gewählt, so ergeben sich einfache lineare Beziehungen, wogegen bei Gewichtsprozentdarstellung eine Verzerrung dieser Geraden eintritt. Die Wirkung einiger Elemente steht im Widerspruch zu den gemachten Erfahrungen, wonach beispielsweise Schwefel die Erstarrung nach dem metastabilen System fördert, nach den Ergebnissen der vorliegenden Arbeit aber graphitisierend wirken müßte. Hier müssen andere Einflußgrößen die physikalisch-chemische Wirkung überdecken. Die Kenntnis der Zusatzelemente auf die Kohlenstofflöslichkeit erlaubt die genaue Berechnung des Sättigungsgrades S_c und weiterhin das Kohlenstoffäquivalent *CE*. Für die Ermittlung des berichtigten Sättigungsgrades S_r ist in Tab. 2 die Verschiebung des Punktes E' im Eisen–Kohlenstoffschaubild für eine größere Anzahl von Elementen angegeben. Hierzu sei allerdings erwähnt, daß die Werte zum Teil aus älteren Veröffentlichungen berechnet wurden und in einigen Fällen der Prüfung bedürfen.

Für die Unterstützung bei den zahlreichen Berechnungen sei Herrn cand. rer. met. H. Trump an dieser Stelle gedankt.

Prof. Dr.-Ing. Wilhelm Patterson
Prof. Dr.-Ing. Hermann Schenck
Priv.-Doz. Dr.-Ing. Franz Neumann

Literaturverzeichnis

[1] NEUMANN, F., H. SCHENCK und W. PATTERSON, Gießerei, techn. wiss. Beih., Nr. 23, 1959, S. 1217–1246.

[2] HANSEN, M., und K. ANDERKO, Constitution of binary alloys. 2. Aufl., New York 1958.

[3] SCHEIL, E. Arch. Eisenhüttenwes. 30 (1959), S. 315–319.

[4] NEUMANN, F., und H. SCHENCK, Arch. Eisenhüttenwes. 30 (1959), S. 477–483.

[5] KÖRBER, F., W. OELSEN, H. SCHOTTKY und H.-J. WIESTER, Bericht Nr. 180 des Werkstoffausschusses des VDEh, Gruppe Nr. 580, Nobember 1949.

[6] J. Iron Steel Inst. 179 (1955), S. 39–43.

[7] NEUMANN, F., W. PATTERSON und D. ALBRECHT, Gießerei, techn. wiss. Beih. 16 (1964), S. 155–166.

[8] TURKDOGAN, E. T., R. HANCOCK, S. HERLITZ und J. DENTAN, J. Iron Steel Inst. 183 (1956), S. 69–72.

[9] SANBONGI, K., M. OHTANI und K. TOITA, Sci. Rep. Res. Inst. Tòhoku Univ., Ser. A, 9 (1957), S. 147–158.

[10] LAPLANCHE, H. Assiciation Technique de Fonderie, Papier Nr. 901 A 76–96; vgl. auch Foundry Trade J. 85 (1948), Nr. 1669, 1670, 1672, 1676; vgl. Gießerei 38 (1951), S. 577–580.

[11] PIWOWARSKY, E., Hochwertiges Gußeisen (Grauguß), seine Eigenschaften und die physikalische Metallurgie seiner Herstellung. Neudr. 2 verb. Aufl. Berlin/Göttingen/Heidelberg 1958.

[12] Gießerei 45 (1958), S. 385–387.

[13] JASS, H., und H. HANEMANN, Gießerei 25 (1938), S. 293–299.

[14] JASS, H., Dr.-Ing.-Diss. TH. Berlin 1935.

[15] Arch. Eisenhüttenwes. 3 (1929/1930), S. 139–147.

[16] Foundry Trade J. 25 (1922), S. 229–232.

[17] Gießerei, techn.-wiss. Beih. Nr. 14, 1954, S. 709–726; s. bes. S. 710.

[18] Gießerei 44 (1957), S. 97/100.

[19] Gießerei 29 (1942), S. 317–320.

[20] SANO, J. und M. INOWE, Tetsu to Haganè 42 (1956), S. 165–176.

[21] Gießerei, techn. wiss. Beih., Nr. 14, 1954, S. 709–726; Nr. 15, 1955, S. 767–800.

[22] Gießerei 27 (1940), S. 285–286.

[23] PIWOWARSKY, E., und E. SÖHNCHEN, Arch. Eisenhüttenwes. 5 (1931/1932), S. 111–121. – Dr.-Ing.-Diss. E. SÖHNCHEN TH. Aachen 1930. – Siehe auch unter [11].

[24] GREINER, E. S., Silicon in steel. In: Metals handbook, Publ. by the American Society for Metals. Cleveland/Ohio 1948. S. 476–478. – SATO, T., Techn. Rep. Tòhoku Imp. Univ. 9 (1929), S. 515. – BAIN, E. C., The alloying elements in steel. A.S.M. (1939), S. 121.

[25] VOGEL, R., Arch. Eisenhüttenwes. 3 (1929/1930), S. 369/381.

[26] TOFAUTE, W., C. KÜTTNER und A. BÜTTINGHAUS, Arch. Eisenhüttenwes. 9 (1935/1936), S. 614.

[27] JÄNECKE, E., Kurzgefaßtes Handbuch aller Legierungen. Heidelberg 1949; s. bes. S. 694, Abb. 566. – MURAKAMI, T., K. OKA und S. NICHIGORI, Techn. Rep. Tòhuko Univ. 9 (1930), S. 59.

[28] VOGEL, R., und W. SUNDERMANN, Arch. Eisenhüttenwes. 6 (1932/1933), S. 35–38.

[29] OBERHOFFER, P., K. DAEVES und F. RAPATZ, Stahl u. Eisen 44 (1924), S. 432–435.

[30] TAKEDA, S., Techn. Rep. Tòhoku Univ., 10 (1931), S. 42–92. – HOUDREMONT, E., Handbuch der Sonderstahlkunde. Bd. 2. 3. Aufl. Berlin 1956; s. bes. S. 881, Abb. 743.

[31] Wie unter [26]. – TOFAUTE, W., und A. BÜTTINGHAUS, Krupp, Forschungsber. 1 (1938), S. 73; Techn. Mitt. Krupp. Forschungsber. 4 (1938), S. 67; – Arch. Eisenhüttenwes. 12 (1938), S. 33–37.

[32] VOGEL, R., und G. RITZAU, Arch. Eisenhüttenwes. 4 (1930–1931). S. 549–556.

[33] HOUGARDY, H., Die Vanadiumstäbe. Berlin 1934. – Arch. Eisenhüttenwes. 4 (1930/1931), S. 497–503. – PIWOWARSKY, E., Wie unter [11], S. 766.

[34] JÄNECKE, E., Wie unter [26], S. 682.

[35] VOGEL, R., und H. MÄDER, Arch. Eisenhüttenwes. 9 (1935/1936), S. 333–340; s. bes. S. 336.

[36] LÖHBERG, K., und W. SCHMIDT, Arch. Eisenhüttenwes. 11 (1937/1938), S. 607–614.

[37] HOUDREMONT, E., Handbuch der Sonderstahlkunde Bd. 2. 3. Aufl. Berlin 1956; s. bes. S. 917. – SYKES, W. P., Metals Handbook. Cleveland 1948; s. bes. S. 1253. – TAKAI, T., Kinzoku-no-Kenkyn 9 (1932), S. 97–124 und 142–173. – MARSH J. S.: Appendix 1 Alloys of Iron and Molybdenum. New York 1932.

[38] HOUDREMONT, E., Handbuch der Sonderstahlkunde Bd. 1. 3. Aufl. Berlin 1956; s. bes. S. 500.

[39] JÄNECKE, E., Kurzgefaßtes Handbuch aller Legierungen. Heidelberg 1949; s. bes. S. 677.

[40] VOGEL, R., und W. DÖRING, Arch. Eisenhüttenwes. 9 (135/136), S. 247–252; s. bes. S. 251.

[41] SMITH, R. P., J. Amer. Chem. Soc. 70 (1948), S. 2724.

FORSCHUNGSBERICHTE DES LANDES NORDRHEIN-WESTFALEN

Herausgegeben im Auftrage des Ministerpräsidenten Dr. Franz Meyers
vom Landesamt für Forschung, Düsseldorf

HÜTTENWESEN · WERKSTOFFKUNDE

HEFT 4
Prof. Dr. med. Erich A. Müller und Dipl.-Ing. H. Spitzer, Max-Planck-Institut für Arbeitsphysiologie, Dortmund
Untersuchungen über die Hitzebelastung in Hüttenbetrieben
1952. 20 Seiten, 5 Abb., 1 Tabelle. DM 9,—

HEFT 48
Max-Planck-Institut für Eisenforschung, Düsseldorf
Spektrochemische Analyse der Gefügebestandteile in Stählen nach ihrer Isolierung
1953. 31 Seiten, 12 Abb., 5 Tabellen. DM 7,80

HEFT 49
Max-Planck-Institut für Eisenforschung, Düsseldorf
Untersuchungen über Ablauf der Desoxydation und die Bildung von Einschlüssen in Stählen
1953. 45 Seiten, 19 Abb., 3 Tabellen. Vergriffen

HEFT 50
Max-Planck-Institut für Eisenforschung, Düsseldorf
Flammenspektralanalytische Untersuchung der Ferritzusammensetzung in Stählen
1953. 34 Seiten, 15 Abb., 4 Tabellen. Vergriffen

HEFT 74
Max-Planck-Institut für Eisenforschung, Düsseldorf
Versuche zur Klärung des Umwandlungsverhaltens eines sonderkarbidbildenden Chromstahls
1954. 48 Seiten, 10 Abb. DM 14,—

HEFT 75
Max-Planck-Institut für Eisenforschung, Düsseldorf
Zeit-Temperatur-Umwandlungs-Schaubilder als Grundlage der Wärmebehandlung der Stähle
1954. 34 Seiten, 13 Abb. DM 8,70

HEFT 89
Verein Deutscher Ingenieure, Gleitlagerforschung, Düsseldorf, und Prof. Dr.-Ing. G. Vogelpohl, Göttingen
Versuche mit Preßstoff-Lagern für Walzwerke
1954. 57 Seiten, 34 Abb. Vergriffen

HEFT 96
Dr.-Ing. Paul Koch, Dortmund
Austritt von Exoelektronen aus Metalloberflächen unter Berücksichtigung der Verwendung des Effektes für die Materialprüfung
1954. 21 Seiten, 13 Abb. DM 7,—

HEFT 105
Dr.-Ing. Robert Meldau, Harsewinkel/Westf.
Auswertung von Gekörn - Analysen des Musterstaubes »Flugasche Fortuna I«
1955. 28 Seiten, 14 Abb. DM 8,50

HEFT 132
Prof. Dr. phil. nat. W. Seith, Münster
Über Diffusionserscheinungen in festen Metallen
1955. 27 Seiten, 19 Abb., 4 Tabellen. Vergriffen

HEFT 143
Prof. Dr. phil. Franz Wever, Dr. phil. Adolf Rose und Dipl.-Ing. W. Straßburg, Max-Planck-Institut für Eisenforschung, Düsseldorf
Härtbarkeit und Umwandlungsverhalten der Stähle
1955. 33 Seiten, 12 Abb., 3 Tabellen. Vergriffen

HEFT 153
Prof. Dr.phil. Franz Wever, Dr.-Ing. Wilhelm Anton Fischer und Dipl.-Ing. J. Engelbrecht, Düsseldorf
I. Die Reduktion sauerstoffhaltiger Eisenschmelzen im Hochvakuum mit Wasserstoff und Kohlenstoff
II. Einfluß geringer Sauerstoffgehalte auf das Gefüge und Alterungsverhalten von Reineisen
1955. 42 Seiten, 15 Abb., 2 Tabellen. DM 12,40

HEFT 154
Prof. Dr.-Ing. P. Bardenheuer und Dr.-Ing. Wilhelm Anton Fischer, Düsseldorf
Die Verschlackung von Titan aus Stahlschmelzen im sauren und basischen Hochfrequenzofen unter verschiedenen Schlacken
1955. 23 Seiten, 10 Abb., 1 Tabelle. DM 7,95

HEFT 162

Prof. Dr. phil. Franz Wever, Prof. Dr. rer. techn. Albert Kochendörfer und Dr.-Ing. Chr. Rohrbach, Max-Planck-Institut für Eisenforschung, Düsseldorf

Kennzeichnung der Sprödbruchneigung von Stählen durch Messung der Fließspannung, Reißspannung und Brucheinschnürung an dreiachsig beanspruchten Proben

1955. 46 Seiten, 26 Abb. DM 13,—

HEFT 170

Prof. Dr. phil. Franz Wever, Dr. phil. Adolf Rose und Dipl.-Ing. L. Rademacher, Max-Planck-Institut für Eisenforschung, Düsseldorf

Anwendung der Umwandlungsschaubilder auf Fragen der Werkstoffauswahl beim Schweißen und Flammhärten

1955. 51 Seiten, 25 Abb. DM 13,70

HEFT 205

Dr. Carl Schaarwächter, Laboratorium für Rostschutz und Oberflächentechnik, Düsseldorf

Über plastische Kupfer-Eisen-Phosphor-Legierungen

1956. 25 Seiten, 10 Abb., 10 Tabellen. DM 8,30

HEFT 227

Prof. Dr. phil. Franz Wever und Dr. Wolfgang Wepner, Max-Planck-Institut für Eisenforschung, Düsseldorf

Untersuchung der Alterungsneigung von weichen unlegierten Stählen durch Härteprüfung bei Temperaturen bis 300° C

1956. 24 Seiten, 20 Abb., 3 Tabellen. DM 7,95

HEFT 228

Prof. Dr. phil Franz Wever, Dr. phil. Walter Koch und Dr. rer. nat. Bernd Alexander Steinkopf, Max-Planck-Institut für Eisenforschung, Düsseldorf

Spektrochemische Grundlagen der Analyse von Gemischen aus Kohlenmonoxyd, Wasserstoff und Stickstoff

1956. 31 Seiten, 18 Abb., 1 Tabelle. DM 9,90

HEFT 229

Prof. Dr. phil. Franz Wever, Dr. phil Walter Koch und Dr.-Ing. Hanns Malissa, Max-Planck-Institut für Eisenforschung, Düsseldorf

Über die Anwendung disubstituierter Dithiocarbamate der analytischen Chemie

1955. 30 Seiten, 30 Abb., 5 Tabellen. DM 10,50

HEFT 230

Prof. Dr. phil. Franz Wever und Dr. phil. Wolfgang Wepner, Max-Planck-Institut für Eisenforschung, Düsseldorf

Bestimmung kleiner Kohlenstoffgehalte im α-Eisen durch Dämpfungsmessung

1955. 19 Seiten, 5 Abb., 2 Tabellen. DM 7,70

HEFT 234

Dr.-Ing K. G. Speith und Dr.-Ing A. Bungeroth Duisburg

Versuche zur Steigerung des Kokillen-Schluckvermögens beim Stranggießen von Stahl

1956. 15 Seiten, 5 Abb. DM 6,15

HEFT 244

Prof. Dr. phil. Franz Wever, Dr. phil. Walter Koch und Dr. Siegfried Eckhard, Max-Planck-Institut für Eisenforschung, Düsseldorf

Erfahrungen mit der spektrochemischen Analyse von Gefügebestandteilen des Stahles

1956. 22 Seiten, 8 Abb., 2 Tabellen. DM 7,80

HEFT 263

Prof. Dr. phil. Heinrich Lange und Dipl.-Phys. Rudolf Kohlhaas, Institut für theoretische Physik der Universität Köln

Über die Wärmeleitfähigkeit von Stählen bei hohen Temperaturen: Teil I: Literaturbericht

1956. 37 Seiten, 26 Abb., 8 Tabellen. DM 10,70

HEFT 268

Prof. Dr.-Ing. G. Vogelpohl, VDI, Max-Planck-Institut für Strömungsforschung, Göttingen

Über die Tragfähigkeit von Gleitlagern und ihre Berechnung

1956. 66 Seiten, 24 Abb., 7 Tabellen. Vergriffen

HEFT 283

Prof. Dr.-phil Franz Wever und Dr.-Ing. Werner Lueg, Max-Planck-Institut für Eisenforschung, Düsseldorf

Warmstauchversuche zur Ermittlung der Formänderungsfestigkeit von Gesenkschmiede-Stählen

1956. 31 Seiten, 19 Abb. DM 9,90

HEFT 288

Dr. phil Kurt Brücker-Steinkuhl, Düsseldorf

Anwendung mathematisch-statischer Verfahren in der Industrie

1956. 103 Seiten, 28 Abb., 14 Tabellen. Vergriffen

HEFT 290

Dr. rer. nat. Dietrich Horstmann, Max-Planck-Institut für Eisenforschung, Düsseldorf

I. Der verstärkte Angriff des Zinks auf Eisen im Temperaturgebiet um 500° C

II. Einfluß eines Antimongehaltes auf den Angriff von Zinkschmelzen auf Eisen

1956. 36 Seiten, 33 Abb., 3 Tabellen. DM 11,90

HEFT 291

Dr.-Ing. Hans-Joachim Wiester und Dr. rer. nat. Dietrich Horstmann, Max-Planck-Institut für Eisenforschung, Düsseldorf

Der Angriff eisengesättigter Zinkschmelzen auf silizium- und manganhaltiges Eisen

1956. 40 Seiten, 45 Abb., 8 Tabellen. DM 12,60

HEFT 311
Prof. Dr. phil. Franz Wever und
Dr. phil. nat. Max Hempel, Düsseldorf
Dauerschwingfestigkeit von Stählen bei erhöhten Temperaturen
Teil I: Erkenntnisse aus bisherigen Dauerschwingversuchen in der Wärme
1956. 36 Seiten, 19 Abb., 2 Tabellen. DM 10,90

HEFT 312
Prof. Dr. phil. Franz Wever und
Dr. phil. nat. Max Hempel, Max-Planck-Institut für Eisenforschung, Düsseldorf
Dauerschwingfestigkeit von Stählen bei erhöhten Temperaturen
Teil II: Zug-Druck-Dauerschwingversuche an zwei warmfesten Stählen bei Temperaturen von 500 bis 650°C
1956. 36 Seiten, 20 Abb., 3 Tabellen. DM 13,—

HEFT 313
Prof. Dr. phil. Franz Wever, Dr. phil. Walter Koch und Dipl.-Phys. Helga Rohde, Max-Planck-Institut für Eisenforschung, Düsseldorf
Änderungen des Habitus und der Gitterkonstanten des Zementits in Chromstählen bei verschiedenen Wärmebehandlungen
1956. 76 Seiten, 20 Abb., 8 Tabellen. DM 20,90

HEFT 314
Prof. Dr. phil. Franz Wever,
Dr.-Ing. habil. Alfred Krisch und
Dr.-Ing. Hans-Joachim Wiester, Max-Planck-Institut für Eisenforschung, Düsseldorf
Veränderungen im Gefügeaufbau von Chrom-Nickel-Molybdän-Stählen bei langzeitiger Beanspruchung im Zeitstandversuch bei 500°
1956. 35 Seiten, 26 Abb., 5 Tabellen. DM11,70

HEFT 315
Prof. Dr. phil. Franz Wever und
Dr.-Ing. habil. Alfred Krisch, Max-Planck-Institut für Eisenforschung, Düsseldorf
Metallkundliche Untersuchungen an Zeitstandproben
1956. 25 Seiten, 12 Abb. DM 9,15

HEFT 336
Dr. phil. Tung-ping Yao, Gießerei-Institut der Rhein.-Westf. Technischen Hochschule Aachen
Die Viskosität metallischer Schmelzen
1956. 53 Seiten, 28 Abb., 2 Tabellen. DM 14,40

HEFT 342
Prof. Dr.-Ing. Helmut Winterhager und
Dipl.-Ing. Wolfgang Barthel, Aachen
Die Gewinnung von Titan-Schlacken-Konzentraten aus eisenreichen Ilmeniten
1956. 47 Seiten, 30 Abb., 6 Tabellen. DM 13,30

HEFT 348
Prof. Dr.-Ing. Eugen Piwowarsky † und
Dr.-Ing. Ernst Günter Nickel. Gießerei-Institut der Rhein.-Westf. Technischen Hochschule Aachen
Metallurgie eines hochwertigen Gußeisens mit kompakter bis kegelförmiger Graphitausbildung
1956. 46 Seiten, 27 Abb., 5 Tabellen. DM 13,30

HEFT 349
Dr.-Ing. Wilhelm-Anton Fischer,
Dr.-Ing. Helmut Treppschuh und
Dr.-Ing. Karl Heinz Köthemann, Max-Planck-Institut für Eisenforschung, Düsseldorf
Tiegel aus Schmelzmagnesia für Vakuuminduktionsöfen
1957. 23 Seiten, 14 Abb. DM 8.40

HEFT 367
Dr. rer. nat. Dietrich Horstmann, Max-Planck-Institut für Eisenforschung, Düsseldorf
Der Angriff eisengesättigter Zinkschmelzen auf kohlenstoff-, schwefel- und phosphorhaltiges Eisen
1957. 42 Seiten, 22 Abb., 6 Tabellen. DM 12,85

HEFT 392
Prof. Dr. phil. Franz Wever,
Dr. phil. Walter Koch, Düsseldorf,
Dr.-Ing. Helmut Knüppel,
Dr. rer. nat. Bernd Alexander Steinkopf,
Dipl.-Ing. Karl Ernst Mayer und
Dipl.-Phys. Gert Wiethoff, Dortmund
Untersuchungen über den Konverterrauch im Hinblick auf die spektrale Überwachung des Thomasprozesses
1957. 36 Seiten, 14 Abb., 4 Tabellen. DM 12,10

HEFT 407
Prof. Dr.-Ing. Dr.-Ing. E. h. Hermann Schenk, Aachen und Dr.-Ing. Werner Wenzel, Bad Godesberg
Entwicklungsarbeiten auf dem Gebiete der Verhüttung von Erzstaub in Schmelzkammern
1957. 71 Seiten, 9 Abb., 18 Tabellen. DM 17,10

HEFT 408
Prof. Dr. phil. Franz Wever, Dr.-Ing. Werner Lueg und Dr.-Ing. Hans Günter Müller, Max-Planck-Institut für Eisenforschung, Düsseldorf
Kraft- und Arbeitsbedarf beim Warmscheren von Stahl in Abhängigkeit von Temperatur und Schnittgeschwindigkeit
1957. 33 Seiten, 15 Abb., 3 Tabellen. DM 11,35

HEFT 409
Prof. Dr. phil. Franz Wever,
Dr. phil. Walter Koch,
Dr. rer. nat. Christa Ilschner-Gensch und
Dipl.-Phys. Helga Rohde, Max-Planck-Institut für Eisenforschung, Düsseldorf
Das Auftreten eines kubischen Nitrids in aluminiumlegierten Stählen
1957. 26 Seiten, 12 Abb., 3 Tabellen. DM 10,10

HEFT 410
Prof. Dr. phil. Franz Wever,
Prof. Dr. rer. techn. Albert Kochendörfer,
Dr. phil. nat. Max Hempel und
Dipl.-Phys. Emil Hillenhagen, Max-Planck-Institut für Eisenforschung, Düsseldorf
Biegewechselversuche mit Flachproben aus Alpha-Eisen-Kristallen zur Bestimmung der Wechselfestigkeit und der Gleitspuren
1957. 100 Seiten, 58 Abb., 3 Tabellen. DM 30,—

HEFT 455
Dr.-Ing. Wilhelm Anton Fischer,
Dr.-Ing. Helmut Treppschuh und
Dipl.-Phys. Karl Heinz Köthemann, Max-Planck-Institut für Eisenforschung, Düsseldorf
Erschmelzung von Reinsteisen nach dem Kohlenstoffproduktionsverfahren und Kerbschlagzähigkeit-Temperatur-Kurven dieses Eisens
1957. 25 Seiten, 7 Abb., 6 Tabellen. DM 9,35

HEFT 456
Privatdozent Dr.-Ing. Karl Bungardt, Krefeld
Zeitstandversuche an austenitischen Stählen und Legierungen
1958. 23 Seiten und Anhang mit Abbildungen und Tafeln z. T. auf Falttafeln. DM 19,85

HEFT 457
Prof. Dr. phil. Franz Wever und
Dr. phil. Wolfgang Wepner, Max-Planck-Institut für Eisenforschung, Düsseldorf
Dämpfungsmessungen an schwach gereckten Eisen-Kohlenstoff-Legierungen
1957. 22 Seiten, 7 Abb., 3 Tabellen. DM 8,40

HEFT 458
Prof.-Ing. Dr.-Ing. E. h. Hermann Schenk und
Dr.-Ing. Eugen Schmidtmann, Aachen,
Dr.-Ing. Hans Kosmider, Dr.-Ing. Herbert Neuhaus und Dr.-Ing. Alfred Krüger, Haspe
Das Frischen von Thomas-Roheisen mit Sauerstoff-Wasserdampf-Gemischen und die Eigenschaften der damit erblasenen Stähle
1957. 50 Seiten, 56 Abb. DM 16,35

HEFT 459
Prof. Dr. phil. Franz Wever,
Dr. phil. Otto Krisement und Hanna Schädler, Max-Planck-Institut für Eisenforschung, Düsseldorf
Ein isothermes Mikrokalorimeter zur kinetischen Messung von Umwandlungs- und Ausscheidungsvorgängen in Legierungen
1957. 31 Seiten, 14 Abb. DM 10,75

HEFT 460
Prof. Dr. phil. Franz Wever und
Dr. rer. nat. Bernhard Ilschner, Max-Planck-Institut für Eisenforschung, Düsseldorf
Ein isothermes Lösungskalorimeter zur Bestimmung thermo-dynamischer Zustandsgrößen von Legierungen
1957. 31 Seiten, 7 Abb., 4 Tabellen. DM 10,40

HEFT 461
Prof. Dr.-Ing. habil. Eugen Piwowarsky †
Prof. Dr.-Ing. Wilhelm Patterson und
Dipl.-Ing. Friedrich Wilhelm Iske, Gießerei-Institut der Rhein.-Westf. Technischen Hochschule Aachen
Verbesserung der Zähigkeitseigenschaften von Bessemer-Stahlguß
1957. 41 Seiten, 15 Abb., 16 Tabellen. DM 12,75

HEFT 492
Prof. Dr. phil. Josef Meixner und
Dr. rer. nat. Bruno Manz, Institut für theoretische Physik der Rhein.-Westf. Technischen Hochschule Aachen
Zur Theorie der irreversiblen Prozesse in α-Eisen
1958. 10 Seiten, 1 Abb. DM 5,70

HEFT 519
Prof. Dr. phil. Franz Wever,
Dr. phil. Walter Koch und
Dr. phil. Siegfried Eckhard, Max-Planck-Institut für Eisenforschung, Düsseldorf
Die spektrographische Bestimmung der Spurenelemente in Stahl ohne vorherige Abbrennung
1958. 36 Seiten, 22 Abb. DM 12,60

HEFT 542
Dr. phil. nat. Gerhard Zapf, Schwelm
Entwicklung eines Verfahrens zur Herstellung von Formteilen aus Sintermessing
1958. 43 Seiten, 23 Abb., 7 Tabellen. DM 15,15

HEFT 552
Dr.-Ing. Gerhard Leiber und
Dipl.-Ing. Dieter Schauwinhold, Duisburg-Hamborn
Versuche zur Erzeugung halbberuhigten Stahles
1958. 28 Seiten, 23 Abb., 6 Tabellen. DM 11,30

HEFT 562
Prof. Dr.-Ing. Dr.-Ing. E. h. Hermann Schenck,
Prof. Dr. phil. habil. Norbert G. Schmahl und
Dr.-Ing. Götz Funke, Institut für Eisenhüttenwesen der Rhein.-Westf. Technischen Hochschule Aachen
Die Reduzierbarkeit von Eisenerzen
1958. 101 Seiten, 89 Abb., 10 Tabellen. DM 29,25

HEFT 573
Prof. Dr. phil. Franz Wever,
Dr. rer. nat. Werner Jellinghaus und
Dr.-Ing. Toshimori Shuin, Max-Planck-Institut für Eisenforschung, Düsseldorf
Gemischt-keramische Sinterwerkstoffe aus Aluminiumoxyd und Eisen oder Eisenlegierungen
1958. 76 Seiten, 39 Abb., 17 Tabellen. DM 22,65

HEFT 586
Dr.-Ing. Wilhelm Anton Fischer und
Dr. rer. nat. Alfred Hoffmann, Max-Planck-Institut für Eisenforschung, Düsseldorf
Verhalten von Eisen- und Stahlschmelzen im Hochvakuum
1958. 41 Seiten, 10 Abb., 13 Tabellen. DM 14,50

HEFT 597
Prof. Dr. phil. Franz Wever,
Dr. phil. Wilhelm Wink und
Dr. rer. nat. Werner Jellinghaus, Max-Planck-Institut für Eisenforschung, Düsseldorf
Suszeptibilitätsmessungen an hochwarmfesten Legierungen auf Nickel-Chrom- und Kobalt-Nickel-Chrom-Grundlage
1958. 34 Seiten, 10 Abb., 5 Tabellen. DM 12,—

HEFT 599
Prof. Dr. phil. Walter Koch und
Dipl.-Phys. Dr. phil. Heinz Sundermann, Max-Planck-Institut für Eisenforschung, Düsseldorf
Elektrochemische Grundlagen der Isolierung von Gefügebestandteilen in metallischen Werkstoffen
1958. 50 Seiten, 26 Abb., 2 Tabellen. DM 17,60

HEFT 600
Prof. Dr. phil. Walter Koch, Dr. phil. Siegfried Eckhard und Dr. rer. nat. Friedrich Stricker, Max-Planck-Institut für Eisenforschung, Düsseldorf
Die lichtelektrische Spektralanalyse der Gase im Stahl
1958. 53 Seiten, 27 Abb., 9 Tabellen. DM 15,10

HEFT 620
Dr. rer. nat. Dietrich Horstmann, Max-Planck-Institut für Eisenforschung und Gemeinschaftsausschuß Verzinken, Düsseldorf
Der Einfluß von Aluminium im Eisen- und im Zinkbad auf den Zinkangriff
1958. 29 Seiten, 17 Abb., 3 Tabellen. DM 9,40

HEFT 628
Dipl.-Ing. Walter Panknin und
Dipl.-Ing. Wolfgang Möhrlin, Verein Deutscher Ingenieure ADB, Düsseldorf
Die Ermittlung der Fließkurven von Schraubenwerkstoffen *1958. 20 Seiten, 8 Abb. DM 6,40*

HEFT 630
Prof. Dr. phil. Walter Koch und
Dr. techn. Dipl.-Ing. Hanns Malissa, Max-Planck-Institut für Eisenforschung, Düsseldorf
Beiträge zur Spurenanalyse im Reinsteisen
1958. 25 Seiten, 8 Tabellen. DM 7,60

HEFT 644
Prof. Dr.-Ing. Franz Bollenrath, Institut für Werkstoffkunde an der Rhein.-Westf. Technischen Hochschule Aachen
Untersuchung einiger mechanischer Eigenschaften von Sinteraluminium S. A. P. und S. A. P.-Avional
1958. 24 Seiten, 26 Abb. DM 8,10

HEFT 697
Prof. Dr.-Ing. Theodor Gast,
Dr.-Ing. Karl-Max Frhr. v. Meysenburg und
Prof. Dr.-Ing. Otto Krischer, Technische Hochschule Darmstadt
Untersuchung über die Erwärmungsvorgänge bei der Verarbeitung härtbarer und thermoplastischer Kunststoffe
1959. 91 Seiten, 34 Abb., 4 Tabellen. DM 16,90

HEFT 706
Prof. Dr.-Ing. Dr.-Ing. E. h. Hermann Schenck und Dr.-Ing. Hans Esch, Institut für Eisenhüttenwesen der Rhein.-Westf. Technischen Hochschule Aachen
Zur Untersuchung der Hochofenvorgänge
1959. 32 Seiten, 23 Abb. DM 9,90

HEFT 737
Prof. Dr.-Ing. habil. Karl Krekeler,
Dr.-Ing. Heinz Peukert und Dipl.-Ing. Josef Eilers, Institut für Kunststoffverarbeitung an der Rhein.-Westf. Technischen Hochschule Aachen
Festigkeitsuntersuchungen an Rohren aus Thermoplasten
1959. 66 Seiten, 84 Abb. DM 19,40

HEFT 748
Prof. Dr. phil. nat. habil. Hans-Ernst Schwiete,
Dr.-Ing. Harald Knoblauch und
Dr. rer. nat. Günther Ziegler, Institut für Gesteinshüttenkunde der Rhein.-Westf. Technischen Hochschule Aachen
Die Hydratation der Verbindungen 3 CaO · SiO_2 und ß-2 CaO · SiO_2
1959. 56 Seiten, 22 Abb., 14 Tabellen. DM 15,70

HEFT 780
Prof. Dr. phil. Franz Wever,
Dr.-Ing. Werner Lueg und Dr.-Ing. Paul Funke, Max-Planck-Institut für Eisenforschung, Düsseldorf
Untersuchung von Walzöl und Walzölemulsionen im Kaltwalzversuch
1959. 68 Seiten, 28 Abb., mehr. Tabellen. DM 18,50

HEFT 788
Prof. Dr.-Ing. Herwart Opitz, Laboratorium für Werkzeugmaschinen und Betriebslehre an der Rhein.-Westf. Technischen Hochschule Aachen
Der Einsatz radioaktiver Isotope bei Zerspanungsuntersuchungen
1959. 35 Seiten, 23 Abb. DM 11,30

HEFT 797
Prof. Dr. phil. Heinrich Lange und
Dr. rer. nat. Rudolf Kohlhaas, Institut für theoretische Physik der Universität Köln
Über die wahre spezifische Wärme von Eisen, Nickel und Chrom bei hohen Temperaturen
Neue Verfahren zur Messung der wahren spezifischen Wärme von Metallen bei hohen Temperaturen
1960. 115 Seiten, 38 Abb., 24 Tabellen. DM 31,20

HEFT 798
Dr. rer. nat. Karl Wassmann, Mönchengladbach
Einfluß der Schutzgasatmosphäre auf die Eigenschaften von Sinterstahl
1959. 94 Seiten, 65 Abb., 19 Tabellen. DM 27,—

HEFT 799
Dipl.-Ing. Helmut Weiss, Frankfurt a. M.
Aufkohlung und Härtung von Sintereisen-Werkstoffen
1960. 61 Seiten, 56 Abb., 2 Tabellen. DM 18,80

HEFT 800
Dipl.-Ing. Otto Schindler, Lehrstuhl für Stahlbau, Technische Hochschule Hannover
Untersuchungen an geschweißten Hüttenkranen
Ein Beitrag zur Berechnung dünnwandiger Hohlkästen
1959. 46 Seiten, 14 Abb., 2 Tabellen. DM 13,20

HEFT 801
Baurat Dipl.-Ing. Waldemar Gesell, Staatliche Ingenieurschule für Maschinenwesen, Duisburg
Ersatz von Quarzsand als Strahlmittel
1960. 66 Seiten, 12 Abb., 4 Tabellen. 17 Diagramme. DM 18,90

HEFT 833
Prof. Dr.-Ing. Helmut Winterhager und Dr.-Ing. Dan Hubert Hermes, Institut für Metallhüttenwesen und Elektrometallurgie der Rhein.-Westf. Technischen Hochschule Aachen
Anodennebenreaktionen bei der Silberraffinationselektrolyse
1960. 55 Seiten, 21 Abb., 10 Tabellen. DM 15,60

HEFT 834
Prof. Dr.-Ing. Helmut Winterhager und Dr.-Ing. Klaus Reiprich, Institut für Metallhüttenwesen und Elektrometallurgie der Rhein.-Westf. Technischen Hochschule Aachen
Studie über den Glänzabbau des Reinstaluminiums in Flußsäure enthaltenden chemischen Glänzbädern
1960. 92 Seiten, 88 Abb., 7 Tabellen. DM 27,30

HEFT 840
Prof. Dr. phil. Franz Wever, Dr.-Ing. Hans-Günter Müller und Dr.-Ing. Paul Funke, Max-Planck-Institut für Eisenforschung, Düsseldorf
Versuchsmäßige und rechnerische Bestimmung von Walzkraft und Drehmoment unter Einwirkung von Bandzugspannungen beim Kaltwalzen von Bandstahl
1960. 36 Seiten, 12 Abb., 3 Tafeln. DM 10,90

HEFT 841
Dr. rer. nat. Hubert Blanck, Max-Planck-Institut für Eisenforschung, Düsseldorf
Untersuchungen zur Kinetik des Martensitzerfalls
1960. 33 Seiten, 11 Abb., 2 Tabellen. DM 10,30

HEFT 849
Direktor Ludwig Martin, Wuppertal-Elberfeld und Friedrich Steiner, Ratingen
Weiterentwicklung von Friktionswerkstoffen
1960. 66 Seiten, 70 Abb., 3 Tabellen. DM 20,50

HEFT 939
Prof. Dr.-Ing. habil. Wilhelm Petersen und Dipl.-Ing. Hans Mingenbach, Dozentur für Brikettierung der Rhein.-Westf. Technischen Hochschule Aachen
Untersuchungen über die Herstellung von Erzbriketts
1961. 83 Seiten, 67 Abb., 2 Tabellen. DM 25,60

HEFT 957
Prof. Dr.-Ing. Dr.-Ing. E. h. Hermann Schenck, Prof. Dr.-Ing. Eugen Schmidtmann und Dr.-Ing. Helmut Brandis, Institut für Eisenhüttenwesen der Rhein.-Westf. Technischen Hochschule Aachen
Mechanische und physikalische Prüfverfahren zur Ermittlung der Vorgänge bei der Abschreck- und Verformungsalterung
1961. 47 Seiten, 34 Abb. DM 14,90

HEFT 958
Prof. Dr.-Ing. Dr.-Ing. E. h. Hermann Schenck, Prof. Dr.-Ing. Eugen Schmidtmann und Dr.-Ing. Heinz Müller, Institut für Eisenhüttenwesen der Rhein.-Westf. Technischen Hochschule Aachen
Untersuchungen zur Isolierung von Einschlüssen und Korngrenzensubstanzen in Eisenwerkstoffen nach dem Dünnschliffverfahren. Innere Oxydation von Eisenlegierungen
1961. 50 Seiten, 33 Abb., 2 Tabellen. DM 15,90

HEFT 961
Prof. Dr.-Ing. Wilhelm Patterson und Dr.-Ing. Dietmar Boenisch, Gießerei-Institut der Rhein.-Westf. Technischen Hochschule Aachen
Eigenschaften und Eigenschaftsänderungen der Tonmineralien in Formsanden
1961. 33 Seiten, 16 Abb. DM 10,90

HEFT 962
Prof. Dr.-Ing. Wilhelm Patterson und Dr.-Ing. Philipp Schneider, Gießerei-Institut der Rhein.-Westf. Technischen Hochschule Aachen
Untersuchungen über die Oberflächenfeingestalt von Gußstücken
1961. 69 Seiten, 52 Abb., 1 Bildtafel. DM 20,80

HEFT 963
Prof. Dr.-Ing. Wilhelm Patterson und Dr.-Ing. Wilhelm Weskamp, Gießerei-Institut der Rhein.-Westf. Technischen Hochschule Aachen
Versuche zur Steigerung der Temperatur in der Schmelzzone des Kupolofens und zur Erzielung eines optimalen thermischen Wirkungsgrades durch Verwendung von HC-Koks in unterschiedlicher Stückgröße
1961. 87 Seiten, 29 Abb., 30 Tabellen. DM 28,30

HEFT 964
Prof. Dr.-Ing. Wilhelm Patterson und Dr.-Ing. Friedrich Iske, Gießerei-Institut der Rhein.-Westf. Technischen Hochschule Aachen
Zusammenhang zwischen den mechanischen Eigenschaften im Gußstück und im getrennt gegossenen Probestab
1961. 82 Seiten, 53 Abb., 13 Tabellen. DM 23,80

HEFT 968
Prof. Dr.-Ing. habil. Anton Königer †, Institut für Gießereikunde der Technischen Universität Berlin
Zur Kenntnis der Passivierbarkeit und Korrosionsbeständigkeit technischer Eisensorten
1961. 25 Seiten, 7 Abb., 8 Tabellen. DM 8,90

HEFT 969
Prof. Dr. phil. Erich Scheil, Düsseldorf
Über den Zustand von Metallschmelzen
1961. 37 Seiten, 23 Abb., 2 Tabellen. DM 11,90

HEFT 970
Prof. Dr.-Ing. Anton Königer † und
Dipl.-Ing. Günther Kuhl, Institut für Gießereikunde der Technischen Universität Berlin
Der Einfluß verschiedener Begleit- und Legierungselemente auf das Viskositätsverhalten von Gußeisenschmelzen
1961. 26 Seiten, 14 Abb., 6 Tabellen. DM 8,60

HEFT 1016
Dr. rer. nat. W. Jellinghaus, Max-Planck-Institut für Eisenforschung, Düsseldorf
Sinterwerkstoffe aus Nickel oder Nickelaluminid mit Aluminiumoxyd
1961. 33 Seiten, 22 Abb., 6 Tabellen. DM 13,50

HEFT 1057
Prof. Dr.-Ing. Dr.-Ing. E. h. Hermann Schenck,
Dr.-Ing. Werner Wenzel und
Dr.-Ing. Hanns-Dieter Butzmann, Institut für Eisenhüttenwesen der Rhein.-Westf. Technischen Hochschule Aachen
Die Reduktion von Eisenerzen im heterogenen Wirbelbett
1961. 87 Seiten, 32 Abb., 5 Tabellen. DM 28,20

HEFT 1067
Prof. Dr.-Ing. Dr.-Ing. E. h. Hermann Schenck und
Dr.-Ing. Klaus-Dieter Unger, Institut für Eisenhüttenwesen der Rhein.-Westf. Technischen Hochschule Aachen
Versuche zur Bestimmung von Verunreinigungen in Metallen; insbesondere von Oxyden und Oxydverbindungen in technischen Stählen
1962. 34 Seiten, 10 Abb., 3 Tabellen. DM 13,40

HEFT 1068
Prof. Dr.-Ing. Dr.-Ing. E. h. Hermann Schenck,
Dr.-Ing. Werner Wenzel, Dr.-Ing. Günter Lindelar,
Prof. Dr.-Ing. Rudolf Spolders und
Dr.-Ing. Hilmar Weidenmüller, Institut für Eisenhüttenwesen der Rhein.-Westf. Technischen Hochschule Aachen
Der Einfluß des Schwefels und der Kohlenoxydspaltung auf den Hochofenprozeß
1962. 222 Seiten, 99 Abb., 51 Tabellen. DM 49,50

HEFT 1083
Prof. Dr.-Ing. Franz Bollenrath und
Abmed Ali Salem El-Sabbagh, Institut für Werkstoffkunde der Rhein.-Westf. Technischen Hochschule Aachen
Untersuchungen über die Warmfestigkeit von Hartlötverbindungen
1963. 80 Seiten, 88 Abb., 7 Tabellen. DM 59,40

HEFT 1092
Prof. Dr.-Ing. habil. Anton Königer † und
Dr.-Ing. Manfred Odendahl, Institut für Gießereikunde der Technischen Universität Berlin
Der Einfluß von Oxyden auf die Viskosität von reinen Eisen-Kohlenstoff-Silizium-Legierungen
1962. 23 Seiten, 9 Abb. DM 10,40

HEFT 1093
Dr.-Ing. Wolf Dieter Röpke und
Dr.-Ing. Abbas Sabé, Institut für Gießereikunde der Technischen Universität Berlin
Das Fließvermögen und die Warmrißneigung von Stahl mit besonderer Berücksichtigung des Einflusses von hohen Molybdängehalten
1962. 37 Seiten, 21 Abb., 4 Tabellen. DM 17,—

HEFT 1094
Prof. Dr.-Ing. habil. Anton Königer † und
Prof. Dr. phil. Emanuel Pfeil, Institut für Gießereikunde der Technischen Universität Berlin
Versuche zur Entwicklung von Korrosions-Prüfmethoden
1962. 23 Seiten, 7 Abb., 3 Tabellen. DM 10,80

HEFT 1113
Dr. rer. nat. Wolfgang Pitsch, Max-Planck-Institut für Eisenforschung, Düsseldorf
Die kristallographischen Eigenschaften der Nitridausscheidungen im α-Eisen
1962. 21 Seiten, 8 Abb., 3 Tabellen. DM 11,—

HEFT 1114
Dipl.-Chem. Dr. phil. Siegfried Eckhard und
Dipl.-Phys. Walter Baum, Max-Planck-Institut für Eisenforschung, Düsseldorf
Über ein physikalisches Verfahren zur Bestimmung des Wasserstoffs im ternären Gemisch mit Stickstoff und Kohlenmonoxyd
1962. 63 Seiten, 31 Abb. DM 39,80

HEFT 1122
Prof. Dr.-Ing. Dr.-Ing. E. h. Hermann Schenck,
Dozent Dr.-Ing. Werner Wenzel und
Dr.-Ing. Günther Dietrich, Institut für Eisenhüttenwesen der Rhein.-Westf. Technischen Hochschule Aachen
Reaktionskinetische Betrachtung des Sintervorganges und Möglichkeiten zur Leistungssteigerung. Entwicklung eines Schachtsinterverfahrens
1962. 93 Seiten, 24 Abb., 5 Tabellen. DM 44,50

HEFT 1158
Dr.-Ing. habil. Alfred Krisch, Max-Planck-Institut für Eisenforschung, Düsseldorf
Über die Extrapolation von Zeitstandversuchen
1963. 31 Seiten, 13 Abb., 2 Tabellen. DM 17,50

HEFT 1190
Dipl.-Ing. Otto Schulte, Bericht aus dem Institut für Bildsame Formgebung der Rhein.-Westf. Technischen Hochschule Aachen
Einfluß kleiner Formänderungsgeschwindigkeiten auf die Formänderungsfestigkeit verschieden legierter Stähle und Nicht-Eisen-Metalle bei Warm-Formgebungstemperaturen
1966. 92 Seiten, 79 Abb., 3 Tabellen. DM 72,—

HEFT 1191
Prof. Dr.-Ing. habil. Anton Königer †,
Dr.-Ing. Manfred Odendahl und Eberhard Pahl, Institut für Gießereikunde der Technischen Universität Berlin
Über die Bildsamkeit von tongebundenen Formsanden
1963. 33 Seiten, 21 Abb., 4 Tabellen. DM 18,—

HEFT 1192
Prof. Dr.-Ing. habil. Anton Königer † und
Dr.-Ing. Peter R. Sahm, Institut für Gießereikunde der Technischen Universität Berlin
Das Fließvermögen reiner und sauerstoffhaltiger Kupferschmelzen
1963. 47 Seiten, 38 Abb. 3 Tabellen. DM 31,80

HEFT 1193
Prof Dr.-Ing. Helmut Winterhager und
Dr.-Ing. Reinhard K. Buchner, Institut für Metallhüttenwesen und Elektrometallurgie der Rhein.-Westf. Technischen Hochschule Aachen
Beitrag zum experimentellen Problem der Messung schneller Elektrodenvorgänge
1963. 40 Seiten, 14 Abb. DM 17,—

HEFT 1194
Dr. rer. nat. Werner Jellinghaus, Max-Planck-Institut für Eisenforschung, Düsseldorf
Beiträge zur Konstitution metallischer Stoffe durch Suszeptibilitätsmessungen
1963. 25 Seiten, 8 Abb., 3 Tabellen. DM 14,—

HEFT 1253
Dipl.-Ing. Alfred Puck, Dipl.-Ing. Horst Wurtinger, Deutsches Kunststoffinstitut, Darmstadt
Werkstoffgemäße Dimensionierungs-Größen für den Entwurf von Bauteilen aus kunstharzgebundenen Glasfasern
Teil I und II
1963. 149 Seiten, 73 Abb., 8 Tabellen. DM 76,—

HEFT 1305
Dr. phil. Hermann Möller und
Dipl.-Phys. Helmut Weeber, Max-Planck-Institut für Eisenforschung, Düsseldorf
Die Bildgüte bei der Durchstrahlung von Werkstoffen mit Röntgen- oder Gammastrahlen von 0,1 bis 31 MeV
1963. 69 Seiten, 40 Abb., 2 Tabellen. DM 32,90

HEFT 1344
Prof. Dr.-Ing. Dr.-Ing. E. h. Hermann Schenck, Dozent Dr.-Ing. Werner Wenzel,
Dr.-Ing. Hans D. Kluger, Institut für Eisenhüttenwesen der Rhein.-Westf. Technischen Hochschule Aachen
Über das Reduktionsverhalten eisenoxydhaltiger Schlacken
1964. 91 Seiten, 60 Abb., 6 Tabellen im Anhang. DM 44,—

HEFT 1355
Dr.-Ing. habil. Alfred Krisch, Max-Planck-Institut für Eisenforschung, Düsseldorf
Kriechverhalten, Gefügeänderung und Risse bei mehrjährigen Zeitstandversuchen
1964. 27 Seiten, 17 Abb., 6 Tabellen. DM 14,80

HEFT 1379
Dr. phil. nat. Max Hempel, Max-Planck-Institut für Eisenforschung, Düsseldorf
Dauerschwingfestigkeit bei 20 und 500° C von Stählen mit niedrigem Kohlenstoffgehalt und verschiedenen Titan-Zusätzen
1964. 58 Seiten, 27 Abb., 12 Tabellen. DM 34,—

HEFT 1384
Dr. rer. nat. Hans-Jürgen Engell, Dr. rer. nat. Anton Bäumel und Dr. rer. nat. Konrad Bohnenkamp, Max-Planck-Institut für Eisenforschung, Düsseldorf
Die Spannungsrißkorrosion von Weicheisen in Kalzium-Nitratlösungen
1964. 46 Seiten, 27 Abb., 2 Tabellen. DM 25,50

HEFT 1385
Prof. Dr.-Ing. Helmut Winterhager und Dr.-Ing. Roland Kammel, Institut für Metallhüttenwesen und Elektrometallurgie der Rhein.-Westf. Technischen Hochschule Aachen
Über die elektrochemischen Grundlagen der Zinkchlorid-Schmelzflußelektrolyse
1964. 52 Seiten, 22 Abb., 24 Tabellen. DM 25,50

HEFT 1387
Dipl.-Chem. Wolfgang Werner, im Auftrage der Deutschen Industrie-Werke Aktiengesellschaft, Berlin-Spandau
Verbesserung der Eigenschaften von Sinterteilen durch Nachbehandlung (Oberflächenveredelung, Korrosionsschutz)
1964. 44 Seiten, 21 Abb., 16 Tabellen. DM 23,80

HEFT 1391
Dipl.-Phys. Dr. rer. nat. Ernst Wachtel und Dipl.-Phys. Erich Übelacker, Max-Planck-Institut für Metallforschung, Stuttgart, im Auftrage des Vereins Deutscher Gießereifachleute, Düsseldorf
Messung der Dichte und der magnetischen Suszeptibilität von Zinn–Zink-Legierungen
1964. 42 Seiten, 23 Abb., 4 Tabellen. DM 23,50

HEFT 1398
Prof. Dr.-Ing. Eberhard Schürmann und Dr.-Ing. Horst-Carsten Groth, Institut für Gießereiwesen der Bergakademie Clausthal, im Auftrage des Vereins Deutscher Gießereifachleute, Düsseldorf
Schmelzgleichgewichte im System Eisen–Schwefel–Kohlenstoff–Phosphor und Silizium bei 1400° C
1964. 31 Seiten, 6 Abb., 6 Tabellen. DM 15,50

HEFT 1403
Dr. phil. nat. Gerhard Zapf, Dipl.-Ing. Ulrich Völker und Ing. Rudolf Reinstadtler, im Auftrage der Forschungsgemeinschaft Pulvermetallurgie, Schwelm
Entwicklung von Fertigungsmethoden zur Erzeugung hochfester Sinterteile, Teil I und II
1965. 170 Seiten, 54 Abb., 13 Tabellen, 29 Auswertungstafeln, 55 Diagramme. DM 74,50

HEFT 1414
Prof. Dr. phil. Walter Koch, Dipl.-Phys. Heiga Kolbe-Rohde und Dr. rer. nat. Jürgen Dittmann, Max-Planck-Institut für Eisenhüttenwesen der Rhein.-Westf. Technischen Hochschule Aachen
Untersuchungen zur Kinetik der Karbidbildung in Chromstählen
1964. 21 Seiten, 6 Abb., 4 Tabellen. DM 12,—

HEFT 1415
Prof. Dr.-Ing. Dr.-Ing. E. h. Hermann Schenck, Dozent Dr.-Ing. Werner Wenzel und Dr.-Ing. Trimbak Herwadkar, Institut für Eisenhüttenwesen der Rhein.-Westf. Technischen Hochschule Aachen
Stückigmachung von Feinerz auf dem Wanderrost in Gemischen mit Feinkohle
1964. 100 Seiten, 34 Abb., 21 Tabellen. DM 43,80

HEFT 1416
Prof. Dr.-Ing. Dr. h. c. Herwart Opitz und Dipl.-Ing. H. H. Bech, Laboratorium für Werkzeugmaschinen und Betriebslehre der Rhein.-Westf. Technischen Hochschule Aachen, im Auftrage des Vereins Deutscher Gießereifachleute, Düsseldorf
Bearbeitung von Leichtmetallen
1964. 39 Seiten, 22 Abb., 5 Tabellen. DM 26,50

HEFT 1419
Prof. Dr. phil. Adolf Rose, Dr.-Ing. Hans Paul Hougardy und Dr.-Ing. Albert Klein, Max-Planck-Institut für Eisenforschung, Düsseldorf
Der Einfluß der Unterkühlung auf die Kristallisationsformen von voreutektoidisch ausgeschiedenen Phasen und von eutektoidischen Phasengemengen
1964. 83 Seiten, 51 Abb., 4 Tabellen. DM 47,50

HEFT 1420
Prof. Dr. phil. Erich Scheil† und Dr. rer. nat. Hans Leo Lukas, im Auftrage des Vereins Deutscher Gießereifachleute, Düsseldorf
Messung des Dampfdruckes von magnesiumhaltigen Gußeisenschmelzen
1964. 19 Seiten, 8 Abb. DM 12,—

HEFT 1428
Prof. Dr.-Ing. Max Vater, Dipl.-Ing. Gerhard Nebe und Dipl.-Ing. Ansgar Schützа, Institut für Bildsame Formgebung der Rhein.-Westf. Technischen Hochschule Aachen
Mechanische Entzunderung von Blechen und Bändern
1965. 104 Seiten, 124 Abb., 6 Tabellen. DM 66,80

HEFT 1447
Dr. phil. Wolfgang Wepner, Max Planck-Institut für Eisenforschung, Düsseldorf
Restwiderstandsmessungen an reinem Eisen
1964. 23 Seiten, 5 Abb., 2 Tabellen. DM 12,50

HEFT 1448
Dr. rer. nat. Ralf Damm und Dr. rer. nat. Ernst Wachtel, Max-Planck-Institut für Metallforschung, Stuttgart, im Auftrage des Vereins Deutscher Gießereifachleute, Düsseldorf
Magnetische Messungen und kinetische Versuche an flüssigen Wismut-Mangan-Legierungen
1965. 25 Seiten, 9 Abb. DM 12,80

HEFT 1474
Prof. Dr.-Ing. Max Vater, Dipl.-Ing. Gerhard Nebe und Dipl.-Ing. Ansgar Schütza, Institut für Bildsame Formgebung der Rhein.-Westf. Technischen Hochschule Aachen
Beitrag zur mechanischen Entzunderung von Draht
1965. 35 Seiten, 19 Abb. DM 19,80

HEFT 1482
Prof. Dr. Theo Heumann und Richard Schürmann, Institut für Metallforschung der Universität Münster
Über die Beeinflussung der Passivierbarkeit aktiver Metalle durch Zulegieren von Chrom und Nickel
1965. 43 Seiten, 27 Abb. DM 23,50

HEFT 1487
Dr.-Ing. Werner Schwenzfeier und Dr.-Ing. Oskar Pawelski, Max-Planck-Institut für Eisenforschung, Düsseldorf
Glühversuche an Stahldrähten in verschiedenen Ofenatmosphären
1965. 45 Seiten, 34 Abb., 2 Tabellen. DM 25,80

HEFT 1491
Prof. Dr.-Ing. Wilhelm Patterson, Dr.-Ing. Peter Coppetti
Gießerei-Institut der Rhein.-Westf. Technischen Hochschule Aachen
Prof. Dr.-Ing. Dr. h. c. Herwart Opitz
Laboratorium für Werkzeugmaschinen und Betriebslehre der Rhein.-Westf. Technischen Hochschule Aachen
Zerspanbarkeit von Grauguß
1965. 109 Seiten, 54 Abb., 5 Tabellen. 59,50

HEFT 1492
Dr. phil. nat. Max Hempel und Dr. rer. nat. Emil Hillnhagen, Max-Planck-Institut für Eisenforschung, Düsseldorf
Einfluß der Erschmelzungsart auf die Dauerschwingfestigkeit ungekerbter und gekerbter Proben eines Wälzlagerstahles
1965. 63 Seiten, 21 Abb., 12 Tabellen. DM 38,—

HEFT 1495
Prof. Dr.-Ing. Wilhelm Patterson, Dr.-Ing. Helmut Brand und Dipl.-Ing. Heinrich Traßl, Gießerei-Institut der Rhein.-Westf. Technischen Hochschule Aachen
Das Viskositätsverhalten flüssiger Bleilegierungen im Konzentrationsbereich der festen Löslichkeit
1965. 24 Seiten, 9 Abb., 2 Tabellen. DM 13,—

HEFT 1496

Prof. Dr. phil. Karl Löbberg und Dipl.-Ing. Günther Kühl, Institut für Gießereikunde der Technischen Universität Berlin, im Auftrage des Vereins Deutscher Gießereifachleute, Düsseldorf

Einfluß von Magnesium und Cer auf die Viskosität behandelter Gußeisenschmelzen sowie Abbrand des Magnesiums und Änderung des Sauerstoffgehaltes in Abhängigkeit von der Abstehzeit

1965. 26 Seiten, 7 Abb., 5 Tabellen. DM 12,80

HEFT 1502

Prof. Dr.-Ing. Wilhelm Patterson, Dr.-Ing. Walter Koppe und Dr.-Ing. Siegfried Engler, Gießerei-Institut der Rhein.-Westf. Technischen Hochschule Aachen

Untersuchungen zur Erstarrung und Speisung von Gußeisen

1965. 96 Seiten, 51 Abb., 3 Tabellen. DM 52,80

HEFT 1503

Prof. Dr.-Ing. Max Vater, Dipl.-Ing. Gerhard Nebe und Dipl.-Ing. Ansgar Schütza, Institut für Bildsame Formgebung der Rhein.-Westf. Technischen Hochschule Aachen

Beitrag zur Prüfung metallischer Strahlmittel

1965. 77 Seiten, 69 Abb., 11 Tabellen. DM 49,—

HEFT 1534

Prof. Dr. phil. Adolf Rose, Max-Planck-Institut für Eisenforschung, Düsseldorf

Schweißbarkeit und Umwandlungsverhalten der Stähle

1965. 57 Seiten, 20 Abb., 5 Tabellen. DM 39,—

HEFT 1552

Fachausschuß Stahlguß im Verein Deutscher Gießereifachleute, Düsseldorf

Einfluß der Oberflächenbeschaffenheit auf die Dauerfestigkeit von Stahlguß

1965. 38 Seiten, zahlr. Abb. und Tabellen. DM 24,80

HEFT 1571

Dr. phil. Heinz Kudielka und M. *Sc. Teruo Yukitoshi, Max-Planck-Institut für Eisenforschung, Düsseldorf*

Röntgenfluoreszenz-Untersuchungen an kleinen Feststoff-Oberflächen und konzentrierten Salzlösungen

1965. 48 Seiten, 24 Abb., 13 Tabellen. DM 29,50

HEFT 1578

Prof. Dr.-Ing. Franz Bollenrath und Dipl.-Ing. Hugo Feldmann, Institut für Werkstoffkunde der Rhein.-Westf. Technischen Hochschule Aachen

Einfluß der Verformung und Temperatur auf mechanische Eigenschaften von unlegiertem Titan

1966. 103 Seiten, 43 Abb., 11 Tabellen. DM 62,50

HEFT 1580

Prof. Dr.-Ing. Hermann Schenck und Dr.-Ing. Franz Neumann, Institut für Eisenhüttenwesen und Gießerei-Institut der Rhein-Westf. Hochschule Aachen

Über den Einfluß von Zusatzelementen auf das Verhalten des Kohlenstoffs in flüssigen Eisenlegierungen und die Beziehung zu ihrer Stellung im Periodischen System

HEFT 1589

Prof. Dr.-Ing. Dr.-Ing. E. h. Hermann Schenck, Aachen, Prof. Dr.-Ing. habil. Mathias Nacken, Aachen, Dr.-Ing. Ernst Potthast, Völklingen, und Dipl.-Phys. Edith Butenuth, Aachen.

Institut für Eisenhüttenwesen und Gemeinschaftslabor für Elektronenmikroskopie der Rhein.-Westf. Technischen Hochschule Aachen

Untersuchungen über die Existenzbereiche der Eisenkarbide mit Hilfe der Elektronenmikroskopie und Elektronenbeugung

1966. 81 Seiten, 47 Abb., 6 Tabellen. DM 55,30

HEFT 1591

Prof. Dr.-Ing. Wilhelm Patterson und Dozent Dr.-Ing. Siegfried Engler, Gießerei-Institut der Rhein.-Westf. Technischen Hochschule Aachen

Volumendefizit und Lunkerung bei der Erstarrung von Metallen

1966. 51 Seiten, 29 Abb., 5 Tabellen. DM 31,—

HEFT 1592

Prof. Dr.-Ing. habil. Dr. h. c. Max Fink und Dr.-Ing. Alfred E. Steinegger, Institut für Fördertechnik und Schienenfahrzeuge der Rhein.-Westf. Technischen Hochschule Aachen.

Direktor: Prof. Dr.-Ing. habil. Dr. h. c. Max Fink und Forschungsinstitut der Gesellschaft zur Förderung der Glimmentladungsforschung e. V., Köln.

Direktor: Prof. Dr. Martin Schmeisser

Die Erscheinung der Reiboxydation an ionitrierten Stahloberflächen

1965. 83 Seiten, 10 Abb., 16 Tabellen, 15 Tafeln. DM 49,50

HEFT 1615

Prof. Dr.-Ing. Wilhelm Patterson und Dozent Dr.-Ing. Siegfried Engler, Gießerei-Institut der Rhein.-Westf. Technischen Hochschule Aachen

Die »gerichtete Erstarrung« als Voraussetzung zur Herstellung dichter Gußstücke

1966. 33 Seiten, 17 Abb., 2 Tabellen. DM 18,—

HEFT 1617

Dr.-Ing. Alfred F. Steinegger und Dipl.-Ing. Josef Kläusler, Forschungsinstitut der Gesellschaft zur Förderung der Glimmentladungsforschung e. V., Köln

Direktor: Prof. Dr. Martin Schmeißer

Untersuchung der Notlaufeigenschaften inoitrierter Laufflächen bei gleitender Reibung

1966. 39 Seiten, 28 Abb., 5 Tabellen. DM 24,20

HEFT 1622

Prof. Dr.-Ing. Wilhelm Patterson, Prof. Dr.-Ing. Hermann Schenck und Dr.-Ing. Franz Neumann Gießerei-Institut der Rhein.-Westf. Technischen Hochschule Aachen und Institut für Eisenhüttenwesen der Rhein.-Westf. Technischen Hochschule Aachen

Einfluß der Eisenbegleiter auf Kohlenstofflöslichkeit, Kohlenstoffaktivität und Sättigungsgrad im Gußeisen

HEFT 1626

Prof. Dr.-Ing. Dr.-Ing. E. h. Hermann Schenck, Dozent Dr.-Ing. Werner Wenzel, Dr.-Ing. B. R. Rajasekhar und Dipl.-Phys. Franz Rudolf Block, Institut für Eisenhüttenwesen der Rhein.-Westf. Technischen Hochschule Aachen

Das metallurgische und elektrische Verhalten von Koks, insbesondere von Erzkoks, unter den realen Bedingungen des elektrischen Niederschachtofens

1966. 135 Seiten, 76 Abb., 20 Tabellen. DM 85,80

HEFT 1627

Prof. Dr.-Ing. Dr.-Ing. E. h. Hermann Schenck, Dozent Dr.-Ing. Werner Wenzel und Dr.-Ing. Karl-Heinz Kleemann, Institut für Eisenhüttenwesen der Rhein.-Westf. Technischen Hochschule Aachen

Entzinkung von Gichtstaub im Schmelzsyklon

1966. 82 Seiten, 33 Abb., 2 Tabellen. DM 43,40

HEFT 1628

Prof. Dr.-Ing. Wilhelm Patterson und Dr.-Ing. Wolfgang Standke, Gießerei-Institut der Rhein.-Westf. Technischen Hochschule Aachen, in Zusammenarbeit mit dem Verein Deutscher Gießereifachleute, Düsseldorf

Einfluß der Einsatzstoffe, der Schmelzführung im Induktionsofen und der Impfbehandlung auf das Gefüge und die mechanischen Eigenschaften von Gußeisen mit Lamellengraphit

1966. 69 Seiten, 33 Abb., 7 Tabellen. DM 40.—

HEFT 1629

Priv.-Dozent Dr.-Ing. Franz Neumann, Prof. Dr.-Ing. Wilhelm Patterson und Dipl.-Ing. Dieter Albrecht, Gießerei-Institut der Rhein.-Westf. Technischen Hochschule Aachen

Gleichgewichtsuntersuchungen über den gemeinsamen Einfluß von Mangan und Schwefel auf das physikalisch-chemische Verhalten des im flüssigen Eisen gelösten Kohlenstoffs im Bereich der Kohlenstoffsättigung

HEFT 1630

Prof. Dr.-Ing. Helmut Winterhager, Dr.-Ing. Lothar Greiner und Dr.-Ing. Roland Kammel, Institut für Metallhüttenwesen und Elektrometallurgie der Rhein.-Westf. Technischen Hochschule Aachen

Untersuchungen über die Dichte und die elektrische Leitfähigkeit von Schmelzen der Systeme $CaO—Al_2O_3—SiO_2$ und $CaO—MgO—Al_2O_3—SiO_2$

1966. 44 Seiten, 23 Abb., 6 Tabellen. DM 30,—

HEFT 1644

Dipl.-Ing. Ralf Fangmeier und Dr. phil. Wolfgang Wepner, Max-Planck-Institut für Eisenforschung, Düsseldorf

Versuchseinrichtung und Versuche zur Erholung eines austenitischen Stahles nach plastischer Verformung bei 4,2° K

1966. 31 Seiten, 5 Abb. DM 18,40

HEFT 1659

Prof. Dr.-Ing. Wilhelm Patterson und Dr.-Ing. Dietmar Boenisch, Gießerei-Institut der Rhein.-Westf. Technischen Hochschule Aachen

Die Wasserbindung an Tonen und ihre Bedeutung für die Fertigkeit des Gießereiformsandes

In Vorbereitung

HEFT 1695

Dr. rer. nat. Dietrich Meinhardt, Max-Planck-Institut für Eisenforschung, Düsseldorf

Strukturbestimmung durch Kernstreuung und magnetische Streuung thermischer Neutronen

1966. 44 Seiten, 14 Abb., 11 Tabellen. DM 32,30

HEFT 1743

Dr.-Ing. Alfred F. Steinegger und Dipl.-Ing. Siegfried Jentzsch, Gesellschaft zur Förderung der Glimmentladungsforschung e. V., Köln. – Direktor: Prof. Dr. Martin Schmeisser

Das Verhalten ionitrierter Oberflächen beim statischen Torsionsversuch *In Vorbereitung*

HEFT 1745

Dr. phil. nat. Gerhard Zapf, Dipl.-Ing. Jörg Niessen und Ing. Rudolf Reinstadtler, Forschungsgemeinschaft Pulvermetallurgie e. V., Schwelm

Untersuchung über die Wärmebehandlung legierter Sinterstähle mit Kupfer und Nickel als Legierungselemente *In Vorbereitung*

HEFT 1746

Dipl.-Phys. Franz-Rudolf Block, Roetgen, Prof. Dr.-Ing., Dr.-Ing. E. h. Hermann Schenck, Aachen, und Dozent Dr.-Ing. Werner Wenzel, Aachen, Institut für Eisenhüttenwesen der Rhein.-Westf. Technischen Hochschule Aachen

Der Gegenstromwärmeaustausch in Wirbelbetten

In Vorbereitung

HEFT 1752

Priv.-Doz. Dr.-Ing. Günther Woelk, Institut für Industrieofenbau und Wärmetechnik im Hüttenwesen der Rhein.-Westf. Technischen Hochschule Aachen

Ein Näherungsverfahren zur numerischen Berechnung instationärer Temperaturfelder

In Vorbereitung

HEFT 1753

Prof. Dr.-Ing. Helmut Winterhager und Dr.-Ing. Roland Kammel, Institut für Metallhüttenwesen und Elektrometallurgie der Rhein.-Westf. Technischen Hochschule Aachen

Über die Metallgehalte in den Schlacken des Bleischachtofenprozesses und ihr Verhalten im elektrischen Feld *In Vorbereitung*

Verzeichnisse der Forschungsberichte aus folgenden Gebieten können beim Verlag angefordert werden:

Acetylen/Schweißtechnik - Arbeitswissenschaft - Bau/Steine/Erden - Bergbau - Biologie - Chemie - Druck/Farbe/Papier/Photographie - Eisenverarbeitende Industrie - Elektrotechnik/Optik - Energiewirtschaft - Fahrzeugbau/Gasmotoren - Fertigung - Funktechnik/Astronomie - Gaswirtschaft - Holzbearbeitung - Hüttenwesen/Werkstoffkunde - Kunststoffe - Luftfahrt/Flugwissenschaften - Luftreinhaltung - Maschinenbau - Mathematik - Medizin/Pharmakologie - NE-Metalle - Physik - Rationalisierung - Schall/Ultraschall - Schiffahrt - Textilforschung - Turbinen - Verkehr - Wirtschaftswissenschaften.

WESTDEUTSCHER VERLAG · KÖLN UND OPLADEN
567 Opladen/Rhld., Ophovener Straße 1-3

GPSR Compliance
The European Union's (EU) General Product Safety Regulation (GPSR) is a set of rules that requires consumer products to be safe and our obligations to ensure this.

If you have any concerns about our products, you can contact us on

ProductSafety@springernature.com

In case Publisher is established outside the EU, the EU authorized representative is:

Springer Nature Customer Service Center GmbH
Europaplatz 3
69115 Heidelberg, Germany

www.ingramcontent.com/pod-product-compliance
Ingram Content Group UK Ltd.
Pitfield, Milton Keynes, MK11 3LW, UK
UKHW061657190726
13853UKWH00008B/2262
9783663062523